国家职业教育移动应用开发专业
教学资源库配套教材

Android
应用开发
案例教程

▶主编　崔鹏

高等教育出版社·北京

国家职业教育移动应用开发专业
教学资源库配套教材

内容简介

本书是国家职业教育移动应用开发专业教学资源库配套教材。

本书按照 Android 的四大组件展开，由浅入深地讲解了 Android 的应用。全书共包括十大案例：Android 时光车、Android 诞生记、Android 新装扮、Android 运输大队长、Android 劳模、Android 集装箱、Android 国家档案馆、Android 小喇叭、Android 网络之旅和 Android 跳舞。采用幽默、风趣的语言一环扣一环地完成案例的讲述，帮助读者掌握相关的知识和技能。

本书配有 51 个微课视频、课程标准、授课计划、授课用 PPT、案例代码等丰富的数字化学习资源。与本书配套的数字课程"Android 应用开发"已在"智慧职教"网站（www.icve.com.cn）上线，学习者可以登录网站进行在线学习及资源下载，授课教师可以调用本课程构建符合自身教学特色的 SPOC 课程，详见"智慧职教"服务指南。教师也可发邮件至编辑邮箱 1548103297@qq.com 获取相关资源。

本书适合作为高职高专院校 Android 开发相关专业的教学用书，也可以作为 Android 应用开发人员、Android 程序设计爱好者的自学教材或培训用书。

图书在版编目（CIP）数据

Android 应用开发案例教程 / 崔鹏主编 . --北京：高等教育出版社，2021.4

ISBN 978-7-04-052238-9

Ⅰ. ①A…　Ⅱ. ①崔…　Ⅲ. ①移动终端－应用程序－程序设计－高等职业教育－教材　Ⅳ. ①TN929.53

中国版本图书馆 CIP 数据核字（2019）第 140728 号

Android Yingyong Kaifa Anli Jiaocheng

| 策划编辑 | 许兴瑜 | 责任编辑 | 许兴瑜 | 封面设计 | 赵　阳 | 版式设计 | 马　云 |
| 插图绘制 | 于　博 | 责任校对 | 吕红颖 | 责任印制 | 刁　毅 | | |

出版发行	高等教育出版社	网　　址	http://www.hep.edu.cn
社　　址	北京市西城区德外大街 4 号		http://www.hep.com.cn
邮政编码	100120	网上订购	http://www.hepmall.com.cn
印　　刷	山东临沂新华印刷物流集团有限责任公司		http://www.hepmall.com
开　　本	787 mm×1092 mm　1/16		http://www.hepmall.cn
印　　张	17.25		
字　　数	420 千字	版　　次	2021 年 4 月第 1 版
购书热线	010-58581118	印　　次	2021 年 4 月第 1 次印刷
咨询电话	400-810-0598	定　　价	49.50 元

Ⅲ "智慧职教"服务指南

"智慧职教"是由高等教育出版社建设和运营的职业教育数字教学资源共建共享平台和在线课程教学服务平台，包括职业教育数字化学习中心平台（www.icve.com.cn）、职教云平台（zjy2.icve.com.cn）和云课堂智慧职教 App。用户在以下任一平台注册账号，均可登录并使用各个平台。

● 职业教育数字化学习中心平台（ **www.icve.com.cn** ）：为学习者提供本教材配套课程及资源的浏览服务。

登录中心平台，在首页搜索框中搜索"Android 应用开发"，找到对应作者主持的课程，加入课程参加学习，即可浏览课程资源。

● 职教云（ **zjy2.icve.com.cn** ）：帮助任课教师对本教材配套课程进行引用、修改，再发布为个性化课程（ **SPOC** ）。

1．登录职教云，在首页单击"申请教材配套课程服务"按钮，在弹出的申请页面填写相关真实信息，申请开通教材配套课程的调用权限。

2．开通权限后，单击"新增课程"按钮，根据提示设置要构建的个性化课程的基本信息。

3．进入个性化课程编辑页面，在"课程设计"中"导入"教材配套课程，并根据教学需要进行修改，再发布为个性化课程。

● 云课堂智慧职教 **App**：帮助任课教师和学生基于新构建的个性化课程开展线上线下混合式、智能化教与学。

1．在安卓或苹果应用市场，搜索"云课堂智慧职教"App，下载安装。

2．登录 App，任课教师指导学生加入个性化课程，并利用 App 提供的各类功能，开展课前、课中、课后的教学互动，构建智慧课堂。

"智慧职教"使用帮助及常见问题解答请访问 **help.icve.com.cn**。

前言

本书是编者在总结多年教学经验的基础上，将平时教授 Android 课程所用到的案例精华进行整理、归纳编写而成。全书按照 Android 的四大组件展开，由浅入深地讲解 Android 的应用，通过幽默、风趣的语言一环扣一环地完成案例的讲述，在激发读者学习兴趣的同时，帮助其掌握相关的知识和技能。

本书共分十大案例，具体如下。

案例 1　Android 时光车，介绍 Android 的起源、Android 的由来、Android 版本发展史，以及 Android 的整体框架结构、Android 的特点。

案例 2　Android 诞生记，讲解 Android 的相关术语 IDE、SDK、JDK、NDK、ADT 等，介绍 JDK 的安装、Java 的验证、IDE 的安装，并编写一个简单的程序，让读者对 Android 程序有初步的印象。

案例 3　Android 新装扮，介绍 Activity 的相关概念、Activity 与 Windows 和 View 之间的关系，以及 UI 常用布局设计及组件的使用。

案例 4　Android 运输大队长，通过显式与隐式的介绍，让读者对 Intent 有一个全面的了解。

案例 5　Android 劳模，介绍 Service 的功能及服务方式、Android 多线程的设计，让读者理解 Android 服务的生命周期。

案例 6　Android 集装箱，介绍 Android 存储功能，包括配置信息的存储、应用程序文件夹信息存储、SD 卡文件信息存储、SQLite 数据库存储等。

案例 7　Android 国家档案馆，介绍 Android 内容提供者的概念及创建与使用，让读者理解 Android 内容观察者的创建与使用。

案例 8　Android 小喇叭，介绍 Android 的广播概念及实现原理，以及 Android BroadcastReceiver 广播和 Android 系统广播的分类与案例使用。

案例 9　Android 网络之旅，介绍 TCP/IP 编程、HTTP 编程、UDP 编程等。

案例 10　Android 跳舞，以一个用 Android 进行绘画及动画操作的完整大案例，激发读者的兴趣，并总结前面所学的知识和技能。

本书配有 51 个微课视频、课程标准、授课计划、授课用 PPT、案例代码等丰富的数字化学习资源。与本书配套的数字课程"Android 应用开发"已在"智慧职教"网站（www.icve.com.cn）上线，学习者可以登录网站进行在线学习及资源下载，授课教师可以调用本课程构建符合自身教学特色的 SPOC 课程，详见"智慧职教"服务指南。教师也可发邮件至编辑邮箱 1548103297@qq.com 获取相关资源。

本书由崔鹏主编。由于水平有限，书中错误及不妥之处在所难免，恳请广大读者批评指正。编者邮箱：18532450@qq.com。

编　者

2020 年 12 月

目录

案例 **1**

Android 时光车

学习目标

【知识目标】

➤ 了解 Android 的发展历史。

➤ 掌握 Android 平台的系统架构及特性。

【能力目标】

➤ 能够对 Android 框架结构有全新的认知。

➤ 能够对 Android 的历史有所了解。

 案例介绍

移动应用开发是目前最热门的开发行业,也是未来应用程序开发的重点方向,但在选择移动应用程序开发时,大多都选择了 Android 方向。科技企业研发厂商、个人开发者绝大多数选择 Android,部分原因是由 Android 自身的特点所造成,也有外界因素的推动。选择 Android 发展的具体原因如下。

① 移动智能终端系统中 Android 市场占有率高达 70%。

② Android 属于开源平台,在开发和使用时不收取任何费用。

③ Android 内核有较好的扩展性。

④ 除微软公司和苹果公司以外,其他移动智能终端厂家都采用 Android 系统。

⑤ Android 操作系统允许修改固件,方便及时更新应用程序。

⑥ 相比其他来说,Android 设备用户可以享受更多数量的应用程序。

⑦ 无缝结合了谷歌应用程序。

Android 的市场占有率达到 70%,很大部分原因取决于 Android 的开放性,使得更多开发人员有更大的发展空间,不像 iOS 等系统受到系统的束缚,在 Android 行业完全可以凭自己的想法开发自己所想软件,这也是为什么大多系统研究人员选择 Android 的原因。同时在教育上也一样,Android 系统搬上教育平台的时间比其他的系统要早很多,在教育教学上趋向成熟,使得 Android 领域拥有大量的 Android 开发从业人员。人才的多少,往往决定一个行业或者一个专业的发展,正是 Android 的开源性,培养了大量的 Android 从业人员,而这些 Android 从业人员,又带动了 Android 行业的发展,周而复始,使得 Android 行业走上了良性循环的道路。Android 系统完全开源,由于本身的内核是基于开源的 Linux 系统内核,所以 Android 从底层系统到上层用户类库、界面等都是完全开放的。任何个人、组织都可以查看学习源代码,也可以基于谷歌公司发布的版本做自己的系统。例如华为、小米、三星等大手机厂商都有自己个性化的 Android 系统,相对于谷歌公司发布的 Android 系统版本,手机厂商为突出自己的优势在一些功能上做了优化。目前为止 Android 已经是全球最大的智能手机操作系统。

本案例主要介绍 Android 发展历史、Android 系统架构和 Android 特色。

1.1 Android 发展史

1.1.1 Android 的起源

Android 一词最早出现于法国作家利尔亚当在 1886 年发表的科幻小说《未来夏娃》中,将外表像人的机器起名为 Android。

Android 操作系统最初是由安迪·罗宾(Andy Rubin,图 1-1)开发出来的,2005 年被谷歌(Google)公司收购,并于 2007 年 11 月 5 日正式向外界展示了这款系统。Android 是基于 Linux 平台的开源手机操作系统的名称,简单来说,是个开源的手机操作系统。

图 1-1
安迪·罗宾

1.2　Android 的由来

Android 本意指"机器人"，谷歌公司将 Android 的标志设计为一个绿色机器人（如图 1-2 示），表示 Android 系统符合环保概念，是一个轻薄短小、功能强大的移动系统，是第一个真为手机打造的开放性系统。

图 1-2
Android 标志

2003 年 10 月，安迪·鲁宾等创建 Android 公司。

2005 年 8 月 17 日，谷歌公司收购了成立仅 22 个月的高科技企业 Android 及其团队。安·鲁宾成为谷歌公司工程部副总裁，继续负责 Android 项目。

2007 年 11 月 5 日，谷歌公司正式向外界展示了这款名为 Android 的操作系统，并在这天布建立一个全球性的联盟组织，以共同研发改良 Android 系统。

2008 年 9 月 23 日，Android 1.0 发布，两年时间 Android 应用数量达到 10 万个。

2011 年 8 月 2 日，Android 手机已占据全球智能机市场 48%的份额，跃居全球第一。

2018 年 2 月 28 日，Android 手机已占据全球智能机市场 85.1%的份额，稳居全球一。

1.3　Android 版本发展史

笔 记

2007 年 11 月 5 日，开放手机联盟成立。

2007 年 11 月 12 日，谷歌公司发布 Android SDK 预览版，这是第一个对外公布的 Android K，为发布正式版收集用户反馈。

2008 年 4 月 17 日，谷歌公司举办开发者竞赛。

2008 年 8 月 28 日，谷歌公司开通 Android Market，供 Android 手机下载需要使用的应用予。

2008 年 9 月 23 日，谷歌公司发布 Android SDK v1.0 版，这是第一个稳定的 SDK 本。

2008 年 10 月 21 日，谷歌公司开放 Android 平台的源代码。

2008 年 10 月 22 日，第 1 款 Android 手机 T-Mobile G1 在美国上市，由中国台湾的宏达电造。

2009 年 2 月，Android SDK v1.1 版发布。

2009 年 2 月 17 日，第 2 款 Android 手机 T-Mobile G2 正式发售，仍由中国台湾的宏达制造。

2009 年 4 月 15 日，AndroidSDK v1.5 版发布。

2009 年 6 月 24 日，中国台湾的宏达电发布了第 3 款 Android 手机 HTC Hero。

2008 年 9 月，Android 第 1 个版本 Android 1.1 发布。Android 系统一经推出，版本升级
常快，几乎每隔半年就有一个新的版本发布。从 Android 1.5 版本开始，Android 用甜点作为
统版本的代号，如图 1-3 所示。

图 1-3
Android 系统
版本图标

2009 年 4 月 30 日，Android 1.5 Cupcake（纸杯蛋糕）正式发布。

2009 年 9 月 5 日，Android 1.6 Donut（甜甜圈）版本发布。

之后，法式闪电泡芙（2.0）、冻酸奶（2.2）、姜饼（2.3）、蜂巢（3.0）、冰淇淋三明
（4.0）、果冻豆（4.1）、奇巧（4.4）、棒棒糖（5.0）、棉花糖（6.0）、牛轧糖（7.0）等版
依次发布。

1.2 Android 框架结构

微课 1-2
Android 框架结构

1.2.1 Android 系统架构

图 1-4 和图 1-5 所示是公开的 Android 体系结构图及其翻译版。

图 1-4
Android 系统架构
图官方原版

图 1-5
Android 系统架
构图中文翻译版

Android 的系统架构和其他操作系统一样，采用了分层的架构。将它们整理成对应的中文
，如图 1-6 所示。

(1) 应用程序层　　(3) 系统运行库层
(2) 应用程序框架层　(4) Linux核心层

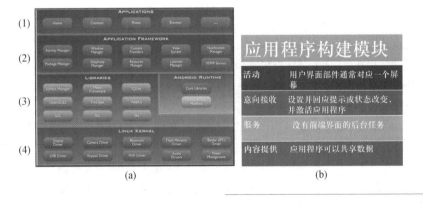

(a)　　　　　　　　　　　　(b)

图 1-6
Android 系统架构分层

以下对这 4 层进行详细讲解。

（1）Applications（应用程序层）

该层包含用户可直接使用的功能。谷歌公司提供了基本应用，如电话、联系人、短信、邮
浏览器等，还有无数第三方应用。

> **注意** 〉〉〉〉〉〉〉〉
>
> Android 应用程序都是由 Java 语言编写的。用户开发的 Android 应用程序和 Android 的核心应用程序是
> 一层次的，它们都是基于 Android 的系统 API 构建的。

（2）Application Framework（应用程序框架层）

该层包含开发应用程序所使用的基础组件，相当于供应用程序调用的 API。其包括：

① 丰富的界面控件，如列表、按钮、文本框、内嵌浏览器等。

② Content Providers（内容提供者），数据存储组件。应用程序可以通过 Content Provi
分享数据给其他应用，也可以访问其他程序的数据，包括系统基本应用提供的数据，如联系
记事本等数据。

③ Resource Manager（资源管理器），帮助应用程序访问图片、布局文件等资源。

④ Notification Manager（通知管理器），应用程序可以通过 Notification Manager 在主
的状态栏上显示一个自定义的提示信息，用户点击提示信息就能进入程序。

⑤ Activity Manager（Activity 管理器），主要负责管理应用程序的生命周期和程序调用

在 Android 系统中，开发人员也可以完全访问核心应用程序所使用的 API 框架

（3）Android Runtime（系统运行库层）

该层包括本地框架和 Java 运行环境（Libraries 和 Android Runtime）。

① 本地框架。本地框架是由 C/C++实现，包含 C/C++库，被 Android 系统中的不同约
使用，它们通过 Android 应用程序框架为开发者进行服务。

- 系统 C 库（libc）：从 BSD 继承过来的标准的 C 系统函数库，专门为基于嵌入式 L
  的设备定制的库。
- 多媒体库：基于 PackerVideo 的 OpenCore。该库支持多种常用的音频、视频格式回
  录制，支持多种媒体格式的编码和解码格式。
- Surface Manager：显示子系统管理器，并为多个应用程序提供 2D 和 3D 图层的无缝融
- LibWebCore：一个最新的 Web 浏览器引擎，支持 Android 浏览器，以及一个可嵌
  的 Web 视图。
- SGL：Skia 图形库，底层的 2D 图形引擎。
- 3D libraries：基于 OpenGL ES1.0 API 的实现。该库可以使用硬件 3D 加速（如果可
  或者使用高度优化的 3D 软加速。
- FreeType：字体引擎，位图（Bitmap）和矢量（Vector）字体显示。
- SQLite：基于 SQL 的轻量级数据库。

② Java 运行环境。Android 运行环境（Android Runtime）提供了 Java 编程语言核心
大多数功能，由 Dalvik Java 虚拟机和基础的 Java 类库组成。

Dalvik 是 Android 中使用的 Java 虚拟机，每个 Android 应用程序都在自己的进程中运
都拥有一个独立的 Dalvik 虚拟机实例。Dalvik 被设计成一个可以同时高效运行多个虚拟机
的虚拟系统。执行扩展名为.dex 的 Dalvik 可执行文件。该格式的文件针对小内存使用做出
化。同时虚拟机是基于寄存器的，所有的类都是由 Java 编译器编译，然后通过 SDK 中
工具转换为.dex 格式由虚拟机执行。Dalvik 虚拟机依赖于 Linux 内核的一些功能，如线程
和底层内存管理机制。

（4）Linux Kernel（Linux 核心层）

该层由 C 语言实现。Android 核心系统服务依赖于 Linux 2.6 内核，包括安全性、内
理、进程管理、网络协议、驱动模型。Linux 内核也作为硬件和软件栈之间的抽象层。

除了标准的 Linux 内核外，Android 还增加了内核的驱动程序，如 Binder（IPC）驱动
示驱动、输入设备驱动、音频系统驱动、摄像头驱动、WiFi 驱动、蓝牙驱动、电源管理等

Linux 核心层总结如图 1-7 所示。

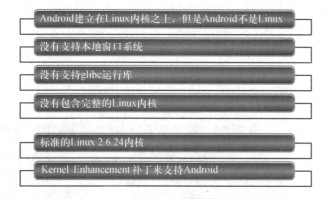

图 1-7
Linux 核心层总结

2.2 开灯/关灯案例引入系统架构

Android 开发中整个开灯/关灯的过程演示如下。

① Android 端界面，如图 1-8 所示。

② 当点击"开灯"按钮时，A8 实验箱里的小灯点亮，如图 1-9 所示。

图 1-8
Android 端界面

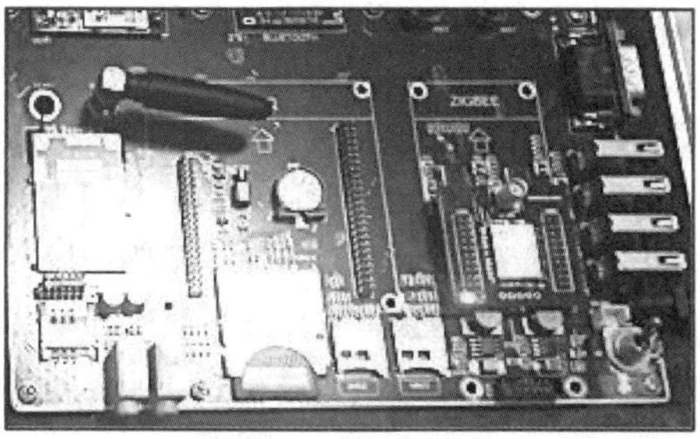

图 1-9
A8 箱灯被点亮

③ 将整个开发过程中的文件按照 Android 架构来展示，如图 1-10 所示。

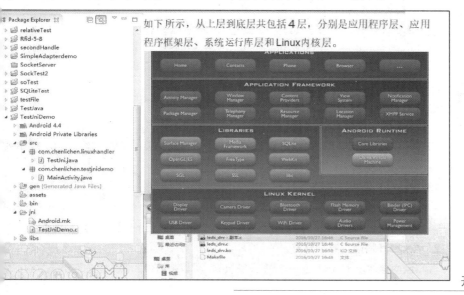

图 1-10
开灯/关灯开发过程

如图 1-10 所示，其左侧是 Android 端开灯/关灯界面的程序文件，右侧是 Android 系统架构图，下面是底层对灯进行开关的驱动文件，是用 C 语言编写的。这些文件处于 Android 系统架构中的所在层如图 1-11 所示。

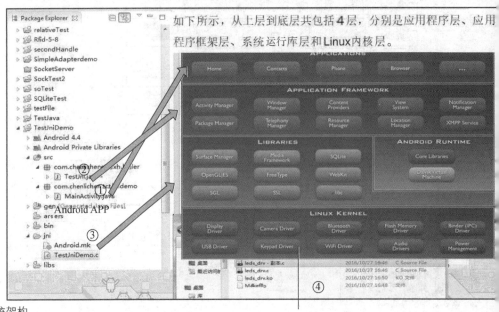

图 1-11
Android 系统架构
文件对应的架构层

Linux Kernel Driver

图 1-11 中，①的位置是 Android 控制开灯/关灯界面的主 Activity 文件，它处于应用层，其不需要了解开灯/关灯的原理，只需要知道如何调用相应包中类的方法即可；②位置是提供 Android 上层来访问底层小灯的接口方法，处于应用架构层，为上层访问底层 LED 提供 API 接口；③的位置就是处于系统运行库层，Android 系统会将.c 文件编译生成.so 文件，这文件是 Linux 系统中的运行库，要想访问驱动，就必须使用 C 语言程序访问 Linux 内核的文件，所以这个是处于系统运行库层；④位置的这些文件属于 Linux 内核驱动，这里的.c 里面是配置寄存器来实现真正的开灯/关灯操作。所以整个调用过程就是①调用②，②调用③调用④，最终实现开灯/关灯操作。

从上面的案例可以清晰地知道整个 Android 系统架构的工作流程。

1.3 Android 特色

Android 特点突出，灵活易用。它在界面开发、应用构成、布局管理以及其生命周期体现了非常大的优势。

1. Androidt 特点之关键类

Android 的关键类有 ContentProviders（应用交互管理类）、ResourceManager（非编码管理类）、NotificationManager（通告管理类）、ActivityManager（生命周期管理类）。

2. Android 特点之界面开发

该特点主要体现了 Android 的界面开发机制，可以将组件的初始化抽取出来放到配置

组件更新用编码方式来处理。

3. Android 特点之应用构成

Android 的应用一般由 Activity、IntentReceiver、Service、ContentProvider 4 个关键部分构
其中 Activity 是必要部分。

应用场合如下：

- Activity 是每个应用所必需的，Activity 代表一个应用的一个具体的界面管理类，其本身
  并不显示。
- IntentReceiver 可使应用对外部事件做出响应，例如，当应用正在执行，突然有了来电，
  这时可使用 IntentReceiver 做出处理使应用更健壮。
- Service 应用的生命周期是由 Android 系统决定的，不受具体的应用线程左右。当应用
  要求在没有界面显示的情况下还能正常运行（要求有后台线程，而后台线程是不会被系
  统回收，直到线程结束），这时就需要用到 Service。
- ContentProvider 封装了很多 Android 当中的上下文环境，包括 SQLite，这就使得在不同
  应用之间的交互成为可能。

4. Android 特点之布局管理

- FrameLayout：左上角只显示一个组件。
- LinearLayout：线性布局管理器，分为水平居中和垂直居中，只能进行单行布局。
- TableLayout：任意行和列的表格布局管理器。其中 TableRow 代表一行，TableRow 的每
  一个视图组件代表一个单元格。
- AbsoluteLayout：绝对布局管理器，坐标轴的方式，左上角是（0，0）点，往右 X 轴递
  增，往下 Y 轴递增。
- RelativeLayout：相对布局管理器，根据最近一个视图组件，或是顶层父组件来确定下
  一个组件的位置。

5. Android 特点之 Activity 交互

Intent 方式用来在 Activity 之间进行交互。需要说明的是，Intent 有个意图说明，值得使用
，举个简单例子，有一种叫 Intent.ACTION_CALL，可直接拨打电话。

SharedPreferences 是 Android 平台上一个轻量级的存储类，主要用于保存一些常用的配置。
edPreferences 类似过去 Windows 系统上的 ini 配置文件，但是它分为多种权限，可以全局
访问，最终以.xml 方式来保存，效率不如 Intent。由于其可以共享，所有可以在 Acitivity
交互，但效率比 SQLite 要高。

SQLite 也就是数据库，因为其效率问题不推介这种方式。如果是在不同应用之间交互，
永久存储的情况下，可以考虑 SQLite。

6. Android 特点之生命周期

理解 Android 生命周期非常重要，主要有以下几点。

① 每一个 Android 应用都是以一个进程的方式运行的，其生命周期不是由自身控制，而
系统根据运行的应用的一些特征来决定。

② 理解好 Android 生命周期，有助于了解应用在什么时候会被系统回收。

③ 理解好生命周期，可提高应用的健壮性。例如，应用的初始化应该放到 onCreate 方法
应用暂停的时候应用重写 onPause 方法来保存当前应用的操作结果。

7. Android 特点之 SQLite

SQLite 是 Android 中提供的内置数据库，比 MySQL 更轻巧。SQLite 也是开源产品。数据

库的操作方式主要有以下两种。

① 利用 SQL 语句直接操作。插入、更新、删除都可以直接写 SQL 语句，调用 execSQ
即可；查询需要使用 rawQuery()来完成，查询结果返回的是一个可滚动的结果集。

② 利用 Cursor 操作。在对 Cursor 操作前，需要将其游标移动到第一位，每取一个结果
下移一位。

案例小结

本案例主要讲解了 Android 的基础知识。首先介绍了 Android 的发展历史及其框架结构
然后讲解了 Android 的特色。让初学者对 Android 有个直观的认识，为以后的学习做好铺垫

案例 **2**

Android 诞生记

学习目标

【知识目标】

➢ 掌握 JDK 的安装步骤。

➢ 掌握 Android Studio 安装步骤。

➢ 掌握如何创建 Android Studio 程序。

➢ 掌握模拟器的安装。

【能力目标】

➢ 能够使用 Android Studio 创建项目。

➢ 能够使用模拟器运行 Android 项目。

案例介绍

在开发 Android 程序之前，首先要在系统中搭建好开发环境。在搭建环境之前，应先了解一些 Android 的相关概念。

1. IDE

现在的 IDE（ Intelligent Development Environment，智能开发环境 ）都是 Android Stu……谷歌公司在 2015 年年底以后就已经不为原来的 Android 开发环境 Eclipse 提供更新……务了。

Android Studio 类似 Eclipse ADT，提供了集成的 Android 开发工具用于开发和调试……一个安卓开发环境。

Android Studio 集成 Gradle 项目构建，对于开发者来说非常方便，这也是谷歌公司推……户使用的 IDE。

2. SDK

SDK（ Software Development Kit ）是 Android 软件开发工具包，广义上指辅助开发某……软件的相关文档。实质是特定的软件包、软件架构、硬件平台、操作系统等创建应用软件……发工具的集合。

3. JDK

JDK（ Java Development Kit ）是 Java 语言的软件开发工具包。Android 应用是使用 Jav……言进行开发的，而 Java 的核心就是 JDK。JDK 包含了 Java 运行环境、Java 工具和 Java 的……类库。

SDK 是开发 Android 应用所需要的工具，而 JDK 则是开发所需要的基础，是根基。

要想开发 Android 应用，不只需要配置 SDK，还要配置 JDK，这样才能进行 Android……的开发。

4. NDK

Android NDK 是在 SDK 前面又加上了"原生"二字，即 Native Development Kit，因……被谷歌公司称为 NDK。

众所周知，Android 程序运行在 Dalvik 虚拟机中，NDK 允许用户使用类似 C / C++之……原生代码语言执行部分程序。

① NDK 是一系列工具的集合。帮助开发者快速开发 C/C++的动态库，并能自动将……件和 Java 应用一起打包成 APK。这些工具为开发者提供了巨大的帮助。

② NDK 将是 Android 平台支持 C 语言开发的开端。

5. ADT

IDE 中安装 ADT（ Android Development Tools ），连接 SDK 和 IDE，帮助 IDE 找到 S……这样 IDE 就可以使用 SDK 了。

综上所述，以上就是安装 Android 开发环境所要了解的所有关键术语，接下来就进入……与配置环节及第一个程序的创建环节。

笔 记

1 Android 环境搭建

1.1 JDK 的安装

下载Java安装包 JDK，官网地址为https://www.java.com/zh_CN/。

这里以 JDK1.8 64 位安装文件为例（若用户机器是 32 位的，则可以到网上下载 32 程序），双击下载的文件 jdk-8u151-windows-x64.exe，而后弹出安装向导，如图 2-1 示。

单击"下一步"按钮，弹出"定制安装"界面，在此选择文件的安装路径，这里为默认路 C:\Program Files\Java\jdk1.8.0_151\，如图 2-2 所示。

图 2-1
JDK 安装向导

图 2-2
JDK 安装路径

单击"下一步"按钮，弹出"进度"界面，如图 2-3 所示。

完成后弹出"目标文件夹"界面，在此选择目标文件夹的路径，这里选择默认路径 rogram Files\Java\jre1.8.0_151（JRE 的地位就像一台 PC，写好的 Win32 应用程序需要在操 统中运行，同样，Java 程序也必须在 JRE 中才能运行），如图 2-4 所示。

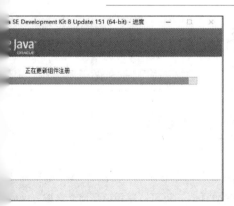
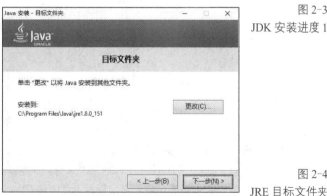

图 2-3
JDK 安装进度 1

图 2-4
JRE 目标文件夹

单击"下一步"按钮继续安装，进行安装进度操作，如图 2-5 所示。

完成后弹出"完成"对话框，单击"关闭"按钮，完成整个安装过程，如图所示。

图 2-5
JDE 安装进度 2

图 2-6
JDK 安装完成

2.1.2 JDK 环境变量设置

完成 JDK 安装后，需进行"环境变量"设置，具体步骤如下。

右击"计算机"图标，在弹出的快捷菜单中选择"属性"命令，在打开的"系统属性"话框中选择"高级"选项卡，单击右下角的"环境变量"按钮，如图 2-7 所示。在新打开面中系统变量需要设置以下 3 个属性：JAVA_HOME、PATH 和 CLASSPATH。

图 2-7
"系统属性"对话框

① JAVA_HOME：该环境变量的值就是 Java 所在的目录，一些用到 Java 的集成开境需要用到该环境变量，设置 PATH 和 CLASSPATH 时，也可以使用该环境变量以方便设如图 2-8 所示。

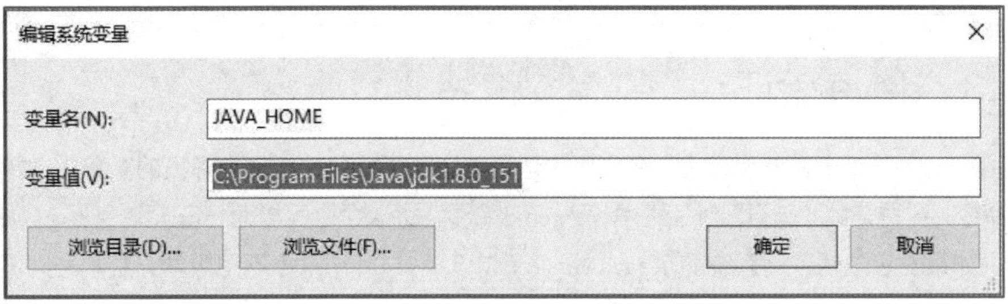

图 2-8
JAVA_HOME 环境变量

② PATH：指定一个路径列表，用于搜索可执行文件。执行一个可执行文件时，如果该文〔件〕不能在当前路径下找到，则依次寻找 PATH 中的每一个路径，直至找到。或者找完 PATH 中〔所有〕路径也不能找到，则报错。Java 的编译命令（javac）、执行命令（java）和一些工具命令（〔java〕doc、jdb 等）都在其安装路径下的 bin 目录中。因此，应将该路径添加到 PATH 变量中。〔在系〕统变量里找到 PATH，单击并编辑，输入变量值 ";%JAVA_HOME%\bin;%JAVA_HOME%\jre\bin"〔其〕中 "%JAVA_HOME%" 为 JAVA_HOME 的值 ），如图 2-9 所示。

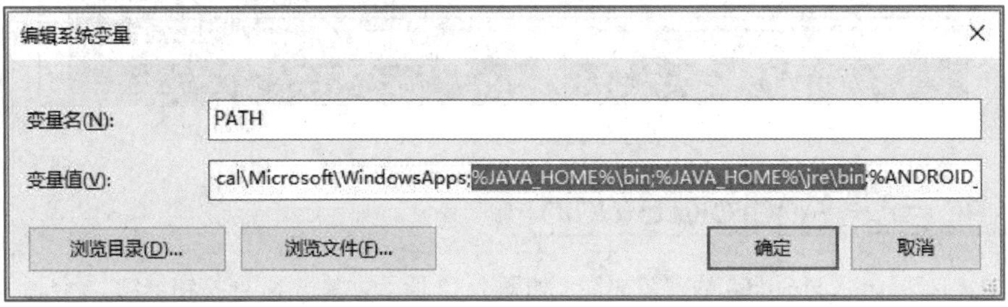

图 2-9
编辑 PATH 变量

③ CLASSPATH：该变量的含义为 Java 加载类(bin or lib)的路径，只有类在 CLASSPATH 〔中，〕Java 命令才能识别。其值为 ".;%JAVA_HOME%\lib;%JAVA_HOME%\lib\tools.jar"，如〔图 2〕-10 所示。

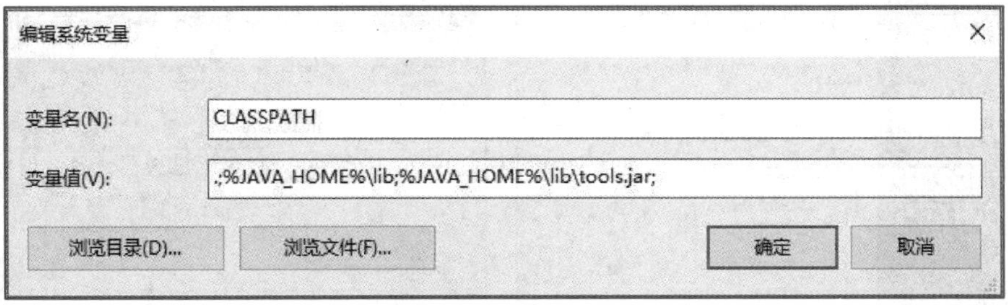

图 2-10
CLASSPATH
环境变量

> **注意** 》》》》》》
>
> 在设置 CLASSPATH 时，".;" 表示当前目录，必须添加！
> 包含了该目录后，就可以到任意目录下去执行需要用到该目录下某个类的 Java 程序，即使该路径并未包〔含〕在 CLASSPATH 中也可以。原因很简单：虽然没有明确的把该路径包含在 CLASSPATH 中，但 CLASSPATH 〔中〕的 "." 在此时就代表了该路径。

2.1.3 Java 验证

验证 JDK1.8 安装是否成功。在桌面左下角单击"开始"按钮，在弹出的菜单中选择
行"命令，在打开的"运行"对话框中输入 cmd 命令，进入命令行界面，输入命令 java –ver
运行，如果安装成功，则系统显示 java version "1.8.0_151"……（不同版本，版本号则不
如图 2-11 所示。

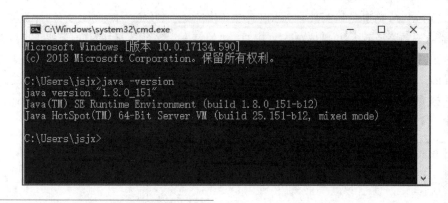

图 2-11
验证 Java 界面

2.1.4 安装 Android Studio

① 启动 Android Studio 的安装文件，如图 2-12 所示，单击 Next 按钮继续。

② 选择需要安装的组件（建议采用默认选择，即安装所有组件），如图 2-13 所示，
Next 按钮继续。

图 2-12
Android Studio
安装起始界面

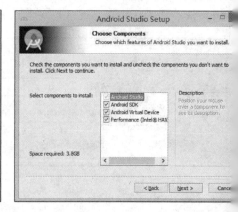

图 2-13
安装组件的选择

③ 在打开的"许可协议"界面中，确认许可，如图 2-14 所示，单击 I Agree
继续。

④ 指定 Android Studio、Android SDK 的安装路径，如图 2-15 所示，单击 Next
继续。

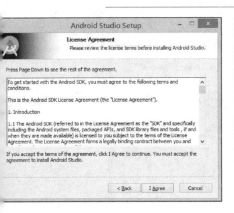

图 2-14
Android Studio
许可协议

图 2-15
Android Studio 安装
路径的选择

⑤ 指定 Intel Hardware Accelerated Manager（HAXM）的最大内存，这里选取默认，可以根据需要自行设置，如图 2-16 所示，单击 Next 按钮继续。

　　HAXM 是 Intel 的硬件加速执行管理器，它是一款可以使用英特尔虚拟化技术（VT）加快Android* 开发速度的硬件辅助虚拟化引擎（管理程序）。如果是 AMD 的 CPU 则不能安装。其在 CPU 中增加了控制硬件，对应开启 VT 时，启动一些模拟指令（或者新增部分基础指令）来加速运算，减少各个周期以达到优化效果。开启 HAXM 时，Android 模拟器的速度会明显增快。

⑥ 确认开始安装 Android Studio，如图 2-17 所示，单击 Install 按钮开始安装。

图 2-16
HAXM 设置界面

图 2-17
Android Studio
开始安装界面

⑦ 在安装过程按提示不断单击 Next 按钮即可，如图 2-18 所示。

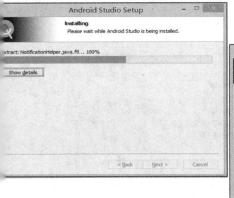

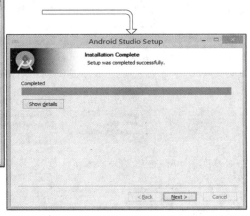

图 2-18
Android Studio
安装过程

⑧ 单击 Finish 按钮，完成 Android Studio 的安装过程，如图 2-19 所示。

图 2-19
Android Studio 安装完成

2.1.5 Android 环境变量配置

如果想直接使用 Android SDK 所提供的相关工具，如图 2-20 所示，则需要配置相应的环境变量。

图 2-20
SDK 目录

① 新建系统变量 ANDROID_HOME，其值为 Android SDK 的安装路径，如图 2-21 所示。

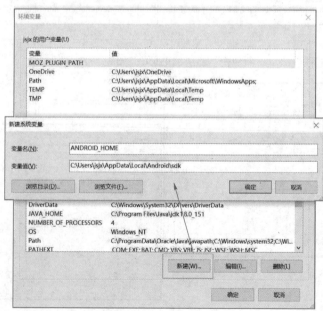

图 2-21
ANDROID_HOME 系统变量设置

② 在系统变量 PATH 中添加 Android SDK 和 Android 工具的所在路径，即添加变量值
NDROID_HOME%;ANDROID_HOME%\tools;%ANDROID_HOME%\build-tools;%ANDROI
HOME%\platform-tools;，如图 2-22 所示。

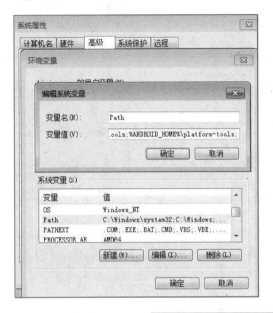

图 2-22
PATH 路径设置

③ 验证 Android 的环境变量是否配置成功：在终端输入 adb devices 指令，只要该指令执
后不出现诸如"adb 不是内部命令"的信息，即说明上述环境变量已配置成功，如图 2-23
。

图 2-23
验证 Android 环境配置

.6　第一次启动 Android Studio

① 双击 Android Studio 生成的图标，将提示是否导入原来的设置，如图 2-24 所示，选中
nt to import my settings from a custom location 单选按钮，则导入原来的设置；如果不想导入
的设置，则选中 I do not have a previous version of Android Studio or I do not want to import
ettings 单选按钮。

② 正常启动 Android Studio 后，将出现如图 2-25 所示的欢迎界面。

图 2-24
Android Studio 导入设置

图 2-25
Android Studio 欢迎界面

③ 若在启动 Android Studio 时，没有出现欢迎界面，并一直停留于 Fetching Android S
component information 的过程中，如图 2-26 所示。

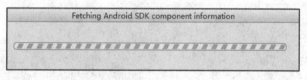

图 2-26
Fetching Android SDK
component information

可采用如下方法解决：

① 进入 Android Studio 安装目录下的 bin 子目录，并使用文本编辑器打开 idea. properties 文

② 在 idea.properties 文件末尾添加 disable.android.first.run=true 一行文本内容，并保存文件

③ 重新启动 Android Studio，即可进入欢迎界面。

2.2 Android 程序诞生

图 2-27
安卓图标

2.2.1 创建 My Application 程序

双击桌面的 Android Studio 图标，如图 2-27 所示。

启动后，出现如图 2-28 所示的界面。

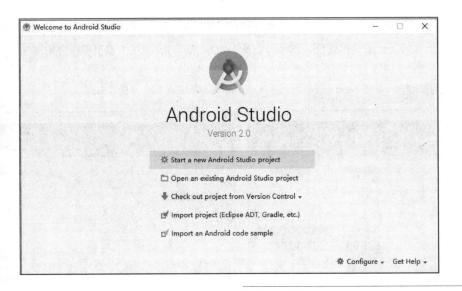

微课 2-3
Android 程序诞生及
Android Studio 文件
结构介绍

图 2-28
安卓启动界面

选择 Start a new Android Studio project 选项，进入 New Project 界面，如图 2-29
所示。

在图 2-29 中，第 1 项 Application name 是应用名称，这里选用默认的 My Application；第
2 项 Company Domain 是公司域名，这里选择默认的 first.com，当然也可根据所在公司的不同，
输入公司的真实域名；第 3 项 Package name 是项目的包名，可以单击右侧的 Edit 按钮进行编
辑，这里不编辑；第 4 项 Project location 是 Project 存放的本地目录，这里在以后案例中也都存
在 D 盘的 androidstudio 目录。

单击 Next 按钮后，出现 Target Android Devices 界面，如图 2-30 所示。

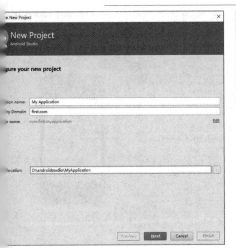

图 2-29
New Project 界面

图 2-30
Target Android
Devices 界面

在图 2-30 中，Minimum SDK 表示支持的 Android 的最低版本，根据不同的需求可
选择不同的版本。第 1 项 Phone and Tablet 是创建一个手机和平板项目；第 2 项 Wear
是创建一个可穿戴设备项目；第 3 项 TV 是创建一个 Android TV 项目；第 4 项 Android Auto
是创建一个 Android Auto 项目；第 5 项 Glass 是创建一个 Google Glass 项目，这里选择默
认第 1 项。

单击 Next 按钮，进入 Add an Activity to Mobile 界面，如图 2-31 所示。

　　在图 2-31 中，创建 Activity 时有多个模板可供选择，这次的模板是在 Empty Activity 的基础上添加了一些简单控件，因此，选择 Empty Activity 即可（本书中所有的案例均使用 Empty Activity 模板）。

　　选择完毕，单击 Next 按钮后，进入 Customize the Activity 界面，如图 2-32 所示。

图 2-31
Add an Activity
to Mobile 界面

图 2-32
Customize the
Activity 界面

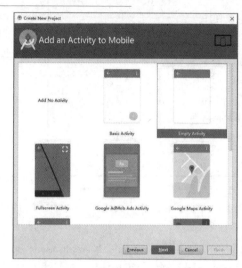
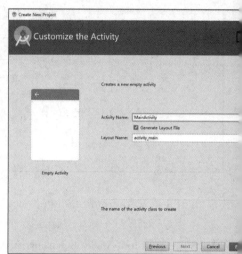

　　在图 2-32 中，设置第 1 项是创建的 Activity 的类名；设置第 2 项是创建的 Activity 的文件名称，这里都选取默认的，完成后单击 Finish 按钮，项目创建成功。

　　在 Android Studio 中显示创建好的 My Application 程序，如图 2-33 所示。

图 2-33
My Application
程序

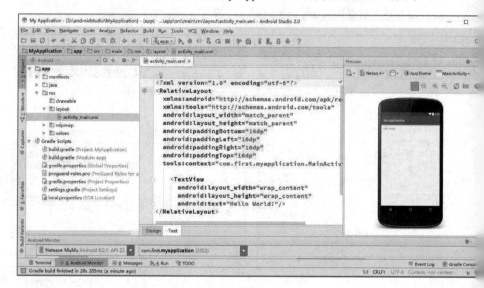

2.2.2　程序中的文件介绍

　　当 My Application 程序创建成功后，Android Studio 会生成布局文件和 Activity 文件。布局文件是展示 Android 项目的界面，Activity 主要是完成人机交互功能。界面文件是以 .xml 为扩展名的文件，在 UI 设计中会有详细介绍。在后续章节也会有对 Activity

…绍。

每个 Android 程序创建成功后,都会自动生成一个清单文件 AndroidMainfest.xml,如图 2-34
…。

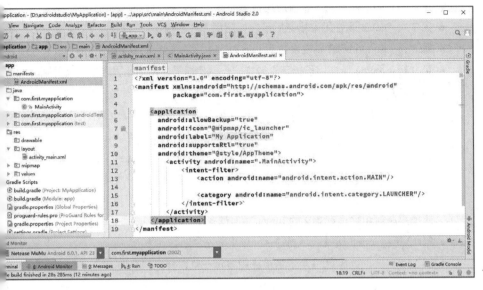

图 2-34
AndroidMainfest.
xml 文件

此文件在 app\mainfests 文件夹中,该文件是整个项目的配置文件,程序中定义的四大组件
…ivity、Broadcast Receiver、Service、ContentProvider)都需要在该文件中注册。以下是对该
…的具体内容设置,如图 2-35 所示。

```
1   <?xml version="1.0" encoding="utf-8"?>
2   <manifest xmlns:android="http://schemas.android.com/apk/res/android"
3           package="com.first.myapplication">
4       <application
5           android:allowBackup="true"
6           android:icon="@mipmap/ic_launcher"
7           android:label="My Application"
8           android:supportsRtl="true"
9           android:theme="@style/AppTheme">
10          <activity android:name=".MainActivity">
11              <intent-filter>
12                  <action android:name="android.intent.action.MAIN"/>
13                  <category android:name="android.intent.category.LAUNCHER"/>
14              </intent-filter>
15          </activity>
16      </application>
17  </manifest>
```

图 2-35
AndroidManifest.xml

- 第 1 行:该行代码会告诉解析器和浏览器,该文件应该按照 1.0 版本的 XML 规则进行
  解析。encoding = "utf-8"表示此.xml 文件采用 utf-8 的编码格式。
- 第 2 行:xmlns:android 定义 Android 命名空间,一般为 http://schemas.android.com/apk
  /res/android,这样使得 Android 中各种标准属性能在文件中使用,提供了大部分元素中
  的数据。
- 第 3 行:package 指定本应用内 Java 主程序包的包名,它也是一个应用进程的默
  认名称。

- 第 4 行：一个 AndroidManifest.xml 中必须含有一个 Application 标签，该标签声明一个应用程序的组件及其属性（如 icon、label、permission 等）。
- 第 5 行：allowBackup 属性用于设置是否允许备份应用数据。默认是 true（允许）。
- 第 6 行：icon 属性用于设置应用程序图标。
- 第 7 行：label 属性用来指定显示在标题栏上的名称。
- 第 8 行：supportsRtl 属性设置为 true 时，应用将支持 RTL（Right-to-Left）布局。
- 第 9 行：theme 属性用于指定主题样式，就是能够应用于此程序中所有的 Activity 或 Application 的显示风格。
- 第 10 行：用于注册一个 Activity，默认生成的程序第一个 Activty 为 MainActivity。
- 第 11 行：<intent=filter>标签中设置的 action 属性表示当前 Activity 最先启动，这个元素用于指定 Activity、Service 或 Broadcast Receiver 能够响应的 Intent 对象的类型。Intent 过滤器声明了它的父组件的能力——Activity 或 Service 所能做的事情和 Broadcast Receiver 所能够处理的广播类型。它会打开组件来接收它所声明类型的 Intent 对象，滤掉那些对组件没有意义的 Intent 对象请求。
- 第 12 行：action 属性表示当前 Activity 最先启动。
- 第 13 行：category 属性表示当前应用显示在桌面程序列表中。

2.2.3　运行程序

图 2-36
"运行"按钮

单击图 2-36 中的"运行"按钮。

会出现 Select Deployment Target 对话框，如图 2-37 所示。

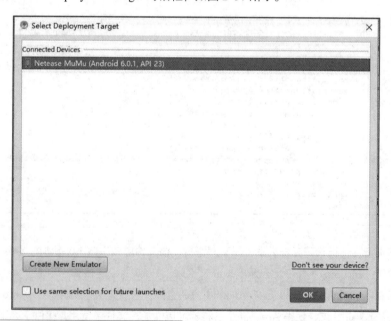

图 2-37
Select Deployment
Target 对话框

系统提示选择合适的模拟器，这里是 Android Studio 自带的模拟器，速度比较慢，因例中选择 MuMu 模拟器，如图 2-38 所示。

图 2-38
MuMu 模拟器

该软件的安装非常简单，这里不再赘述。

新建程序在 MuMu 模拟器的运行结果如图 2-39 所示。

图 2-39
新建程序运行结果

新建的程序运行结果就是打印 Hello World! 字符串。

.4 Android 程序结构介绍

Android 程序创建成功后，生成的目录结构如图 2-40 所示。

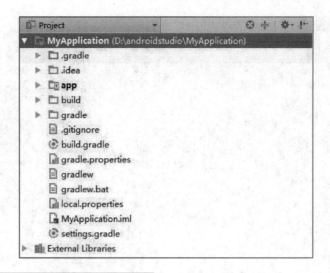

图 2-40
Android Studio 目录结构

（1）.gradle 和.idea

这两个目录下放置的都是 Android Studio 自动生成的一些文件，用户无须关心，也不〔
手动编辑。

（2）app

项目中的代码、资源等内容几乎都放置在该目录下，用户后面的开发工作也基本都是
目录下进行。

以下是 app 目录下内容的详细分析。

① build，编译时生成的文件。

② libs，使用第三方 JAR 包时直接添加入该目录下，JAR 包会自动地被添加进构〔
径里。

③ src，项目的主要代码和资源所在。

④ src\androidTest，用来编写 Android Test 测试用例，可以对项目进行一些自〔
测试。

⑤ src\main，存放所有 Java 代码，可以构建子目录来规范管理代码。

⑥ src\main\res，几乎是所有的资源都存放在这里，每个文件夹都有自己的功用。例
drawable 内存放图片文件，layout 为所有的布局.xml 文件，

⑦ src\main\AndroidManifest.xml，当前 Android 项目的配置文件，程序中定义的四大纟
以及程序的权限声明都在其中进行注册。

⑧ src\test，用来编写 Unit Test 测试用例。

⑨ .gitignore，用于版本控制。

⑩ app.iml，用于标识 Intellij IDEA 项目。

⑪ build.gradle，内层 build.gradle 为 app 模块内的 gradle 构建脚本，会指定项目构建
配置。

⑫ proguard-rules.pro，该文件用于指定项目代码的混淆规则，当代码开发完成后打成
包文件，如果不希望代码被别人破解，通常会将代码混淆，从而让破解者难以阅读。

（3）build

该目录也不需要过多关心，它主要包含了一些在编译时自动生成的文件。

笔 记

（4）gradle

该目录下包含了 gradle wrapper 的配置文件，使用 gradle wrapper 的方式不需要提前下载 ~~e~~，而是会自动根据本地的缓存情况决定是否需要联网下载 gradle。Android Studio 默认没 ~~动~~ gradle wrapper 的方式，如果需要打开，可以单击 Android Studio 导航栏中的 File→ ~~ngs~~→Build，Execution，Deployment→Gradle，进行配置更改。

（5）.gitignore

该文件是用来将指定的目录或文件排除在版本控制之外的。

（6）build.gradle

该文件是项目全局的 gradle 构建脚本。通常，该文件中的内容是不需要修改的。

（7）gradle.properties

该文件是全局的 gradle 配置文件，在这里配置的属性将会影响项目中所有的 gradle 编译脚本。

（8）gradlew 和 gradlew.bat

这两个文件是用来在命令行界面中执行 gradle 命令的，其中 gradlew 是在 Linux 或 Mac 系 ~~统中~~使用的，gradlew.bat 是在 Windows 系统中使用的。

（9）local.properties

该文件用于指定本机中的 Android SDK 路径，通常内容都是自动生成的，并不需要修改。 ~~如果~~本机中的 Android SDK 位置发生了变化，那么就将该文件中的路径修改成新的位置即可。

（10）MyApplication.iml

.iml 文件是所有 IntelliJ IDEA 项目都会自动生成的一个文件(Android Studio 是基于 IntelliJ ~~IDEA~~ 开发的)，用于标识这是一个 IntelliJ IDEA 项目，用户不需要修改该文件中的任何内容。

（11）settings.gradle

该文件用于指定项目中所有引入的模块。由于 MyApplication 项目中只有一个 app 模块， ~~所以~~该文件中也就只引入了 app 这一个模块。通常情况下模块的引入都是自动完成的，需要用 ~~户手~~动去修改该文件的场景可能比较少。

【试一试】

针对上述操作，在自己的计算机中安装 Android 开发环境、模拟器环境，并创建一个项目，运行看 ~~看~~效果。

案例小结

本任务讨论 Android 环境搭建与配置，一步一步地引领，让读者能够轻松进行环境的搭建， ~~在~~ Android Studio 中创建第一个 My Application 程序，运行显示最经典的"Hello World！"字 ~~样。~~通过目录结构的讲解，让读者对项目有了新的认知，为以后做相应知识点的程序编写做 ~~好铺~~垫。

案例 3

Android 新装扮

学习目标

【知识目标】
- ➤ 了解 UI 在 Android 中的作用。
- ➤ 理解 Android UI 布局。
- ➤ 掌握 Android UI 布局中常用的组件。

【能力目标】
- ➤ 能够熟练掌握 Android UI 布局操作。
- ➤ 能够熟练应用 Android UI 组件制作精美的界面。

 案例介绍

UI（User Interface，用户界面）是系统和用户之间进行交互和信息交换的媒介，其主要作用是实现信息内部形式与人类可接受形式之间的转换。用户界面设计包括对软件的人机交互、操作逻辑、界面美观的整体设计。好的 UI 不仅可以让软件变得个性有品位，更重要的是可以让软件的操作变得舒适、简单而自由，并且充分地体现软件的定位和特点。UI 在手机应用程序设计中尤其重要。

布局是一种可用于放置很多控件的容器，它可以按照一定的规律调整内部控件的位置，从而编写出漂亮的界面。当然，布局的内部除了放置控件外，也可以放置布局，通过多层布局嵌套，就能够实现一些比较复杂的界面。

图形用户界面（GUI）是 Android 应用程序开发不可或缺的一部分。其不仅能为用户提供输入，还能够根据（用户）执行的动作，提供相应的反馈。因此，作为开发人员，能够清楚 UI 是如何创建以及更新的，就显得尤为重要。

一个 APP 里最常见的交互流程如下：用户在一个界面上点击一下，然后程序在后台开启一个线程去加载数据，加载完成后通知界面显示数据，如果这些数据在退出 APP 的情况下还要，则还要把这些数据保存到本地文件中。可以把该流程分解成以下 4 个步骤。

- 前台（界面展示）。
- 后台（数据加载）。
- 通信（前台和后台通信）。
- 存储（数据存储）。

这里的每一步其实就对应了一个组件，Activity 代表了前台所要提供的功能，主要负责界面的展示和用户的交互；Service 代表了后台所要提供的功能，主要负责一些耗时工作，如网络请求、文件读写的处理；Broadcast 代表了通信所要提供的功能，主要负责 Activity 和 Service（当然也可以是 Activity 和 Activity，Service 和 Service）之间的通信；ContentProvider 代表了存储所要提供的功能，主要负责数据在磁盘的读写。

> **注意** 》》》》》》
> 这里不是绝对的实现上述功能就使用这几个组件。

所以，总结 Android 开发的四大组件分别是活动（Activity），用于表现功能；服务（Service），后台运行服务，不提供界面呈现；广播接收者（Broadcast Receive），用于接收广播；内容提供者（Content Provider），支持在多个应用中存储和读取数据，相当于数据库。

本案例首先从 Activity 与 UI 开始讲起。

3.1　Android Face 之 Activity

3.1.1　Activity 的概念

Activity 是 Android 组件中最基本也是最为常用的四大组件之一。

Activity 是一个应用程序组件，提供一个屏幕，用户可以通过与其交互来完成某项任务。整个应用程序的门面，主要负责应用程序当中数据的展示。

Activity 中的所有操作都与用户密切相关，是一个负责与用户交互的组件，可以通过 ontentView(View)来显示指定控件。

在一个 Android 应用中，一个 Activity 通常就是一个单独的屏幕，它上面可以显示一些控 也可以监听并对用户的触发事件做出响应。Activity 之间通过 Intent 进行通信。

笔 记

.2 Activity、Window 和 View 之间的关系

（1）View 和 ViewGroup

Android 系统中的所有 UI 类都是建立在 View 和 ViewGroup 这两个类的基础上的。所有 的子类称为 Widget，所有 ViewGroup 的子类称为 Layout。View 和 ViewGroup 之间采用组 计模式，可以使得"部分-整体"同等对待。ViewGroup 作为布局容器类的最上层，布局 里面又可以有 View 和 ViewGroup。

（2）LayoutInflater 和 LayoutInflater.inflate()

LayoutInflater 是一个用来实例化 XML 布局文件为 View 对象的类。

LayoutInflater.infalte(R.layout.test,null)用来从指定的 XML 资源中填充一个新的 View。

（3）Activity、Window、View 之间的关系

当运行程序时，有一个 setContentView()方法，Activity 其实不是显示视图（虽然直观上感 它），实际上是 Activity 调用了 PhoneWindow 的 setContentView()方法，然后加载视图，将 放到这个 Window 上，而 Activity 构造时初始化的其实是 Window(PhoneWindow), Activity 控制单元，即可视的人机交互界面。

其相当于，Activity 是一个工人，它来控制 Window；Window 是一面显示屏，用来显示信 View 就是要显示在显示屏上的信息，这些 View 都是通过 infalte()和 addView()层层重叠在 放到 Window 显示屏上的。而 LayoutInfalter 就是用来生成 View 的一个工具，XML 布局文 是用来生成 View 的原料。

以下是这些对象在代码中的具体执行流程。

```
getWindow().setContentView(LayoutInflater.from(this).inflate(R.layout.mainnull))
```

即运行程序后，Activity 会调用 PhoneWindow 的 setContentView()来生成一个 ow，而此时的 setContentView 就是最底层的 View，然后通过 LayoutInflater.infalte() 加载布局生成 View 对象并通过 addView()方法添加到 Window 上（一层一层地叠加 indow 上）。

所以，Activity 其实并不是显示视图，View 才是。

注意 》》》》》》

一个 Activity 在构造时只能初始化一个 Window(PhoneWindow)，另外这个 PhoneWindow 有一个 ViewRoot， ViewRoot 是一个 View 树的管理者，是最初始的根视图，然后通过 addView 方法将 View 一个个层叠到 vRoot 上，这些层叠的 View 最终放在 Window 这个载体上。

假设 Activity 界面上只有 TextView 一个控件，整个 UI 中对象的关系如图 3-1 所示，图示 直观。

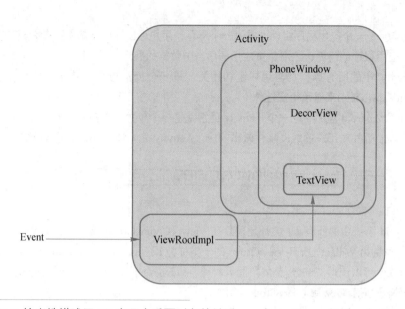

图 3-1
UI 中对象的关系

　　图 3-1 恰当地描述了 UI 中几个重要对象的关系。一个 Activity，包括一个 Phonewi
对象、DecorView 对象和 ViewRootImpl 对象，TextView 在 DecorView 中。当 TextView 在
上显示出来以后，如果有事件发生，事件会到达 ViewRootImpl 类，ViewRootImpl 类会把
件分发到当前 View，也就是分发到 TextView。所以接下来只看看 TextView 的界面显示过
TextView 的界面显示过程，需要经过测量、布局、绘画来完成。测量是来确定它的大小，
是来确定它的位置，绘画就是把它绘制出来显示到界面上。

　　Activity 还涉及其生命周期，在案例 Android 运输大队长中会有详细的描述。

笔 记

3.2　Android UI 中常用布局

3.2.1　布局组件概述

　　Android 的组件分为布局和控件。布局，就是让控件在里面按一定的次序排列好的一
件，本身并不提供内容。控件，就是显示内容的组件，如显示一张图片，显示文字等。

　　在 Android 中，共有以下 5 种布局方式。

　　① FrameLayout（框架布局），放入其中的所有元素都被放置在最左上的区域，而且
法为这些元素指定一个确切的位置的情况下，一个子元素会重叠覆盖上一个子元素，适合
单张图片。

　　② LinearLayout（线性布局），是应用程序中最常用的布局方式，主要提供控件水平
垂直排列的模型，每个子组件都是以垂直或水平的方式来定位（默认是垂直）。

　　③ AbsoluteLayout（绝对布局），采用坐标轴的方式定位组件，左上角是（0，0）点，
X 轴递增，往下 Y 轴递增，组件定位属性为 android:layout_x 和 android:layout_y 来确定坐

　　④ RelativeLayout（相对布局），根据另外一个组件或是顶层父组件来确定下一个纽
位置，和 CSS 里面的类似。

　　⑤ TableLayout（表格布局），类似 HTML 里的 Table。使用 TableRow 来布局，其中 Tabl

一行，TableRow 的每一个视图组件代表一个单元格。

2.2 布局文件相关

XML 布局文件是 Android 系统中定义的 Layout 的常用方式，所有布局文件必须包含在 yout 目录中，且必须符合 Java 的命名规范。当在 res\layout 目录下新增了布局文件之后，R.java 会自动收录该布局资源，Java 代码可通过 setContentView 方法在 Activity 中显示该 Layout。

> setContentView(R.layout.<资源名称>);

在布局文件中可以指定 UI 组件的 android:id 属性，该属性的属性值代表该组件的唯一标 通过 Activity.findViewById()访问，并且 findViewById()必须在 setContentView 加载 XML 之后使用，否则会抛出异常。

> findViewById(R.id.<android.id 属性值>)

Android 应用的绝大部分 UI 组件都放在 android.widget 包及其子包、android.view 包及其 中，Android 应用的所有 UI 组件都继承了 View 类。View 类还有一个重要的子类 ViewGroup。 Group 类是所有布局管理器的父类，它通常作为容器盛放其他组件，如图 3-2 所示。

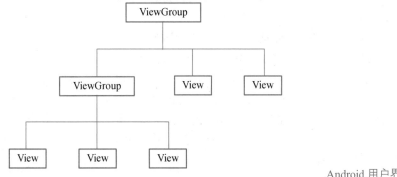

图 3-2
Android 用户界面的层次结构图

ViewGroup 容器控制其子组件的分布依赖于 ViewGroup.LayoutParams 和 ViewGroup. inLayoutParams 两个内部类。

① ViewGroup.LayoutParams 提供两个 XML 属性设定组件的大小。

● android:layout_height：指定该子组件的基本高度。

● android:layout_width：指定该子组件的基本宽度。

这两个属性有 3 个基本值。

● fill_parent：指定组件的高度、宽度与父容器组件的一样。

● match_parent：与 fill_parent 一样，Android 2.2 开始推荐使用。

● warp_content：内容包裹。

② ViewGroup.MarginLayoutParams 用于控制子组件周围的页边距。

● android:layout_marginBottom（下边距）。

● android:layout_marginLeft（左边距）。

● android:layout_marginRight（右边距）。

● layout_marginTop（上边距）。

对于 View 的尺寸，Android 提供了 3 种单位供选择使用。

- px：像素。
- dp：即 dip，表示屏幕实际的像素。
- sp：会根据系统设定的字体大小进行缩放，与 dp 类似，通常用于设置字体。

尺寸单位选择的技巧：设置长度、高度等属性时可以使用 dp，如果设置字体，则推[荐]用 sp。在屏幕适配方面，不推荐使用 px，因为使用 dp 或者 sp，UI 会根据设备的 densi[ty、]scaledDensity 进行等比例缩放，以达到不同屏幕适配的功效，让其在不同的屏幕上看起来[差]不多的效果。

3.2.3 线性布局（LinearLayout）

微课 3-2
Android 线性布局

1. 线性布局介绍

LinearLayout 是最常用的布局方式，在 XML 文件中使用<LinearLayout>标记，它会将[这]里的 UI 组件一个一个挨着排列起来，但 LinearLayout 不会换行，当 UI 组件超出屏幕之后[就]不会被显示出来。

2. LinearLayout 的重要 XML 属性

（1）android:gravity（对齐方式）

设定 LinearLayout 中包含 UI 组件的对齐方式，其选项很多，常用的有上（top）、下（bott[om）、]左（left）、右（right）。

① 如果将子控件 layout_gravity 的对齐方式设置为右对齐，若想让 layout_gravity 起作[用，]则线性布局必须是垂直的；同理，如果对齐方式设置为下对齐，则线性布局必须是水平[的。]

② 要想实现不考虑布局是水平还是垂直，则可以通过布局本身的 gravity 属性直接设置[即可。]

③ 对于线性布局，其中的子控件的对齐属性如果设置右下对齐，即 layout_gra[vity=]"bottom|right"，那么右对齐和下对齐总有一个起作用，一个不起作用。

如果是水平线性布局，则下对齐起作用，右对齐不起作用。

如果是垂直线性布局，则右对齐起作用，下对齐不起作用。

> **注意** ››››››››
>
> 线性布局没有 orientation 属性，默认是水平线性布局。

（2）android:orientation（排列方式）

android:orientation（排列方式），设定 LinearLayout 中包含的 UI 组件的排列方式，有[两个]选项 vertical（竖向）、horizontal（横向，默认值）。

3. LinearLayout 布局示例

> **注意** ››››››››
>
> 在本例程中，用到了按钮组件，具体组件的讲解在后续章节中有详述概述，此处读者只要按照[例]例操作即可。

具体操作步骤如下。

步骤 1：创建一个 Android 项目，项目名称为 LinearLayout_1。

步骤 2：选中 layout，并右击，在弹出的快捷菜单中选择 New→XML→Layout XM[L]命令，打开如图 3-3 所示的对话框，新建界面名称为 activitylinear，Root Tag 设置为 LinearLa[yout。]

击 Finish 按钮。

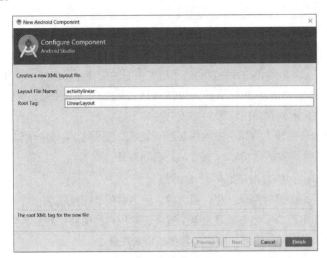

图 3-3
新建 LinearLayout 界面

步骤 3：在 activitylinear.xml 中添加相关组件，实现线性布局效果，源代码如下。

```xml
<LinearLayout xmlns:android="http://schemas.android.com/apk/res/android"
    xmlns:tools="http://schemas.android.com/tools"
    android:layout_width="match_parent"
    android:layout_height="match_parent"
    tools:context=".MainActivity"
    android:orientation="horizontal" android:gravity="bottom">
    <Button
        android:layout_weight="1"
        android:text="button"
        android:layout_width="wrap_content"
        android:layout_height="wrap_content"/>
    <Button
        android:text="button"
        android:layout_gravity="top"
        android:layout_weight="1"
        android:layout_width="wrap_content"
        android:layout_height="wrap_content"/>
    <Button
        android:text="button"
        android:layout_weight="1"
        android:layout_width="wrap_content"
        android:layout_height="wrap_content"/>
</LinearLayout>
```

步骤 4：在 MainActivity.java 中修改代码如下。

```java
setContentView(R.layout.activitylinear);
```

步骤 5：单击运行程序，显示效果如图 3-4 所示。

图 3-4
线性布局运行效果

微课 3-3
Android 帧布局

3.2.4　帧布局（FrameLayout）

（1）帧布局概述

帧布局是最简单的布局方式，所有添加到这个布局中的视图都是以层叠的方式默认把它放到这块区域的左上角显示，并且后声明的遮挡先声明的控件。而这种布局方式却没有任何定位方式，因此其应用的场景并不多，虽然默认会将控件放置在左上角，但也可以通过 layout_gravity 属性指定到其他的位置。

帧布局容器为每个加入到其中的组件创建一个空白的区域（称为一帧），所有的每个子件占据一帧，这些帧都会根据 gravity 属性执行自动对齐。

笔 记

（2）FrameLayout 的常用属性

帧布局的属性很少只有两个，在介绍之前，先了解前景图像概念。

前景图像，即永远处于帧布局最上面，直接面对用户的图像，就是不会被覆盖的图片。

● android:foreground：设置该帧布局容器的前景图像 。

● android:foregroundGravity：设置前景图像显示的位置。

（3）FrameLayout 布局示例

以下通过一个经典的渐变色条为例，在 FrameLayout 中添加多个 TextView，赋予不同尺和颜色，会叠加显示。

步骤 1：创建一个 Android 项目，项目名称为 FrameLayout_1。

步骤 2：选中 layout，并右击，在弹出的快捷菜单中选择 New→XML→Layout XML 命令,打开如图 3-5 所示的对话框,新建界面名称为 activityframe,Root Tag 设置为 FrameLayout单击 Finish 按钮。

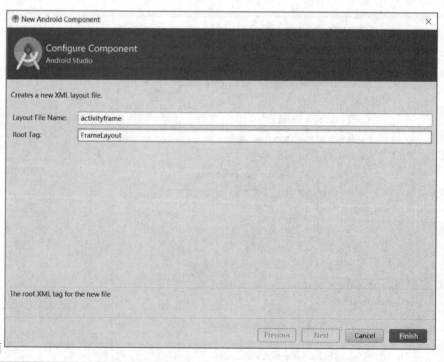

图 3-5
新建 FrameLayout 界面

步骤 3：在 activityframe.xml 中添加相关组件，实现帧布局效果，源代码如下。

```xml
<FrameLayout xmlns:android="http://schemas.android.com/apk/res/android"
    xmlns:tools="http://schemas.android.com/tools"
    android:layout_width="match_parent"
    android:layout_height="match_parent"
    android:paddingBottom="@dimen/activity_vertical_margin"
    android:paddingLeft="@dimen/activity_horizontal_margin"
    android:paddingRight="@dimen/activity_horizontal_margin"
    android:paddingTop="@dimen/activity_vertical_margin"
    tools:context=".MainActivity" >
    <TextView
        android:layout_width="wrap_content"
        android:layout_height="wrap_content"
        android:width="210px"
        android:height="50px"
        android:background="#ff0000"
    />
    <TextView
        android:layout_width="wrap_content"
        android:layout_height="wrap_content"
        android:width="180px"
        android:height="50px"
        android:background="#dd0000"
    />
    <TextView
        android:layout_width="wrap_content"
        android:layout_height="wrap_content"
        android:width="150px"
        android:height="50px"
        android:background="#bb0000"
    />
    <TextView
        android:layout_width="wrap_content"
        android:layout_height="wrap_content"
        android:width="120px"
        android:height="50px"
        android:background="#990000"
    />
    <TextView
        android:layout_width="wrap_content"
        android:layout_height="wrap_content"
        android:width="90px"
        android:height="50px"
        android:background="#770000"
    />
```

```
    <TextView
        android:layout_width="wrap_content"
        android:layout_height="wrap_content"
        android:width="60px"
        android:height="50px"
        android:background="#550000"
        />
    <TextView
        android:layout_width="wrap_content"
        android:layout_height="wrap_content"
        android:width="30px"
        android:height="50px"
        android:background="#330000"
        />
</FrameLayout>
```

步骤 4：在 MainActivity.java 中修改代码如下。

图 3-6
帧布局运行效果

```
setContentView(R.layout.activityframe);
```

步骤 5：单击运行程序，效果如图 3-6 所示。

3.2.5 相对布局（RelativeLayout）

微课 3-4
Android 相对布局

（1）相对布局概述

和线性布局一样，相对布局也是用得较多的一种布局之一。相对，顾名思义，是有参照〔，
就是以某个兄弟组件，或者父容器来决定的（兄弟组件是在同一个布局里面的组件，如果是
局里的一个组件参照另一个布局里的组件则会出错）。例如，UI 组件 A 相对于 UI 组件 B 的
置进行定位，那么 UI 组件 B 需要在 UI 组件 A 之前定义。合理地利用好 LinearLayout 的 we
权重属性和相对布局，可以解决屏幕分辨率不同的自适应问题。

（2）相对布局的主要属性

- android:layout_below：在某元素的下方。
- android:layout_above：在某元素的上方。
- android:layout_toLeftOf：在某元素的左边。
- android:layout_toRightOf：在某元素的右边。
- android:layout_alignXxx：控制与某元素的边界对齐方式。

（3）相对布局示例

以下通过一个案例来说明 RelativeLayout。在该布局的 XML 中，确定一个经典的梅花
局效果，上下左右的 UI 组件通过中间的 UI 组件位置确定自己的位置。

步骤 1：创建一个 Android 项目，项目名称为 RelativeLayout_1。

步骤 2：选中 layout，并右击，在弹出的快捷菜单中选择 New→XML→Layout XML
命令，打开如图 3-7 所示对话框，新建界面名称为 activityrelative，Root Tag 设置
RelativeLayout，单击 Finish 按钮。

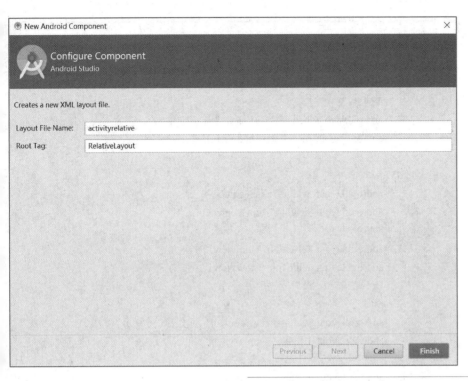

图 3-7
新建 RelativeLayout
界面

步骤 3：在 activityrelative.xml 中添加相关组件，实现相对布局效果，源代码如下。

```
<RelativeLayout xmlns:android="http://schemas.android.com/apk/res/android"
    xmlns:tools="http://schemas.android.com/tools"
    android:layout_width="match_parent"
    android:layout_height="match_parent"
    android:gravity="top"
    android:paddingBottom="@dimen/activity_vertical_margin"
    android:paddingLeft="@dimen/activity_horizontal_margin"
    android:paddingRight="@dimen/activity_horizontal_margin"
    android:paddingTop="@dimen/activity_vertical_margin"
    tools:context=".MainActivity" >
    <TextView
        android:id="@+id/view1"
        android:layout_width="wrap_content"
        android:layout_height="wrap_content"
        android:text="中"
        android:layout_centerInParent="true"
    />
    <TextView
        android:layout_width="wrap_content"
        android:layout_height="wrap_content"
        android:text="上"
        android:layout_above="@id/view1"
        android:layout_alignLeft="@id/view1"
```

```
                    />
                    <TextView
                            android:layout_width="wrap_content"
                            android:layout_height="wrap_content"
                            android:text="下"
                            android:layout_below="@id/view1"
                            android:layout_alignLeft="@id/view1"
                    />
                    <TextView
                            android:layout_width="wrap_content"
                            android:layout_height="wrap_content"
                            android:text="左"
                            android:layout_toLeftOf="@id/view1"
                            android:layout_alignTop="@id/view1"
                    />
                    <TextView
                            android:layout_width="wrap_content"
                            android:layout_height="wrap_content"
                            android:text="右"
                            android:layout_toRightOf="@id/view1"
                            android:layout_alignTop="@id/view1"
                    />
            </RelativeLayout>
```

步骤 4：在 MainActivity.java 中修改代码如下。

```
setContentView(R.layout.activityrelative);
```

图 3-8
相对布局运行效果

步骤 5：单击运行程序，效果如图 3-8 所示。

3.2.6 表格布局（TableLayout）

微课 3-5
Android 表格布局

（1）表格布局概述

　　表格布局采用行、列的形式来管理 UI 组件，通过 TableRow、其他 UI 组件来控制表格的行数和列数。每次向 TableLayout 中添加一个 TableRow，该 TableRow 就是一个表格行，TableRow 也是容器，因此它也可以不断添加其他组件，每添加一个子组件，该表格就增加一列。如果直接向 TableLayout 中添加组件，那么这个组件将直接占用一行。

（2）TableLayout 常用 XML 属性

- android:collapseColumns：设置需要被隐藏的列序号。
- android:shrinkColumns：设置需要被收缩的列序号。
- android:stretchColumns：设置需要被拉伸的列序号。

注意 》》》》》》
　　TableLayout 中所谓的序列号是从 0 开始计算的。

　　例如，shrinkColunmns = "2"，对应的是第 3 列。可以设置多个，用逗号隔开，如"0,2"，

是所有列都生效，则用""号即可，除了这 3 个常用属性，还有 2 个属性，分别是跳格子以及
千单元格，这和 HTML 中的 Table 类似。

- android:layout_column="2"：表示的就是跳过第 2 个，直接显示到第 3 个格子处，从 1 开始算的。
- android:layout_span="4"：表示合并 4 个单元格，即这个组件占 4 个单元格。

（3）TableLayout 布局示例

步骤 1：创建一个 Android 项目，项目名称为 TableLayout_1。

步骤 2：选中 layout，并右击，在弹出的快捷菜单中选择 New→XML→Layout XML File
令，打开如图 3-9 所示对话框，新建界面名称为 activitytable，Root Tag 设置为 TableLayout，
亍 Finish 按钮。

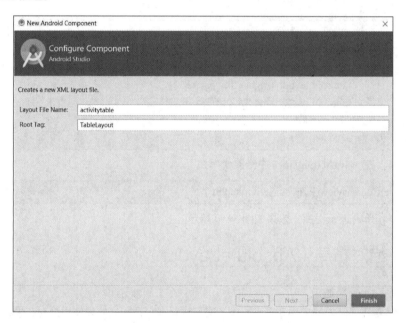

图 3-9
新建 TableLayout 界面

步骤 3：在 activitytable.xml 中添加相关组件，实现表格布局效果，源代码如下。

```xml
<?xml version="1.0" encoding="utf-8"?>
<LinearLayout xmlns:android="http://schemas.android.com/apk/res/android"
    android:layout_width="match_parent"
    android:layout_height="match_parent"
    android:orientation="vertical" >
    <TableLayout
        android:layout_width="fill_parent"
        android:layout_height="wrap_content"
        android:stretchColumns="0，1，2，3" >
    <TableRow
        android:layout_width="fill_parent"
        android:layout_height="wrap_content" >
    <Button
        android:layout_width="wrap_content"
        android:layout_height="wrap_content"
```

```
                    android:text="button" />
                <Button
                    android:layout_width="wrap_content"
                    android:layout_height="wrap_content"
                    android:text="button" />
                <Button
                    android:layout_width="wrap_content"
                    android:layout_height="wrap_content"
                    android:text="button" />
                <Button
                    android:layout_width="wrap_content"
                    android:layout_height="wrap_content"
                    android:text="button" />
            </TableRow>
            <EditText
                android:layout_width="fill_parent"
                android:layout_height="fill_parent"
                android:background="#00ffff" />
        </TableLayout>
    </LinearLayout>
```

步骤 4：在 MainActivity.java 中修改代码如下。

```
setContentView(R.layout.activitytable);
```

步骤 5：单击运行程序，效果如图 3-10 所示。

图 3-10
表格布局
运行效果

3.2.7 绝对布局（AbsoluteLayout）

（1）绝对布局概述

利用绝对布局开发的应用在很多机型上需要进行一个适配，如果使用绝对布局，可能~寸的手机上显示正常，而换成 5 寸的手机，就可能出现偏移和变形。所以在 Andriod 2.2 操~统中将 AbsoluteLayout 过期，本书简单介绍它的使用。

对于 AbsoluteLayout，Android 不提供任何布局控制，而是由开发人员自己通过 X 坐~Y 坐标来控制组件的位置。

在 AbsoluteLayout 中，每个子组件都需要通过两个 XML 属性来确定坐标。

● layout_x：指定该子组件的 X 坐标。

● layout_y：指定该子组件的 Y 坐标。

此布局比较烦琐，且在不同的屏幕上显示效果差距比较大，一般不推荐使用。

（2）AbsoluteLayout(绝对布局)常用属性

① 控制大小。

● android:layout_width：控制组件宽度。

● android:layout_height：控制组件高度。

② 控制位置

● android:layout_x：设置组件的 X 坐标。

● android:layout_y：设置组件的 Y 坐标。

（3）AbsoluteLayout 布局示例

步骤 1：创建一个 Android 项目，项目名称为 AbsoluteLayout_1。

步骤 2：选中 layout，并右击，在弹出的快捷菜单中选择 New→XML→Layout XML File，打开如图 3-11 所示的对话框，新建界面名称为 activityabsolute，Root Tag 设置为 AbsoluteLayout，单击 Finish 按钮。

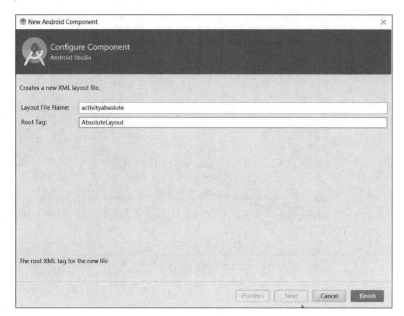

图 3-11
新建 AbsoluteLayout 界面

步骤 3：在 activityabsolute.xml 中添加相关组件，实现绝对布局效果，源代码如下。

```xml
<?xml version="1.0" encoding="utf-8"?>
<AbsoluteLayout xmlns:android="http://schemas.android.com/apk/res/android"
    android:layout_width="match_parent"
    android:layout_height="match_parent"
    android:orientation="vertical" >
    <EditText
        android:id="@+id/editText1"
        android:layout_width="wrap_content"
        android:layout_height="wrap_content"
        android:layout_x="84dp"
        android:layout_y="20dp"
        android:ems="10" />
    <EditText
        android:id="@+id/EditText01"
        android:layout_width="wrap_content"
        android:layout_height="wrap_content"
        android:layout_x="84dp"
        android:layout_y="66dp"
        android:ems="10" />
    <Button
```

```
        android:id="@+id/button1"
        android:layout_width="wrap_content"
        android:layout_height="wrap_content"
        android:layout_x="214dp"
        android:layout_y="113dp"
        android:text="重置" />
    <Button
        android:id="@+id/button2"
        android:layout_width="wrap_content"
        android:layout_height="wrap_content"
        android:layout_x="130dp"
        android:layout_y="113dp"
        android:text="登录" />
    <TextView
        android:id="@+id/textView1"
        android:layout_width="wrap_content"
        android:layout_height="wrap_content"
        android:layout_x="33dp"
        android:layout_y="36dp"
        android:text="用户名" />
    <TextView
        android:id="@+id/textView2"
        android:layout_width="wrap_content"
        android:layout_height="wrap_content"
        android:layout_x="48dp"
        android:layout_y="80dp"
    android:text="密码" />
</AbsoluteLayout>
```

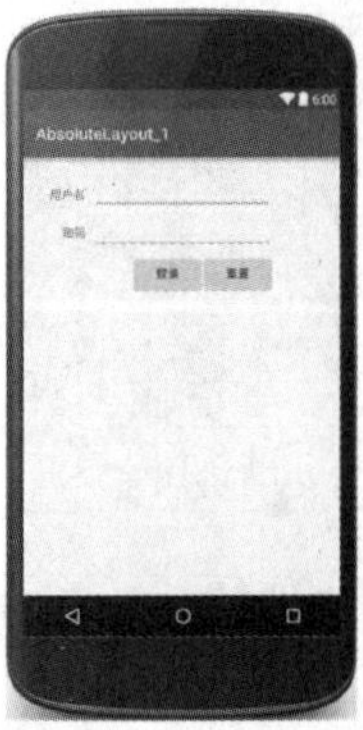

图 3-12
绝对布局
运行效果

步骤 4：在 MainActivity.java 中修改代码如下。

```
setContentView(R.layout.activityabsolute);
```

步骤 5：单击运行程序，效果如图 3-12 所示。

3.2.8　网格布局（GridLayout）

微课 3-6
Android 网格布局

（1）网格布局概述

GridLayout 布局是 Android 4.0（API Level 14）新引入的网格矩阵形式的布局控件。
上案例中就可以直观地看到多个组件如何布局。

GridLayout 布局使用虚细线将布局划分为行、列和单元格，也支持一个控件在行、列
有交错排列。而 GridLayout 使用的其实是跟 LinearLayout 类似的 API，只不过是修改了一
关的标签而已，所以对于开发者来说，掌握 GridLayout 是很容易的事情。GridLayout 的布
略简单分为以下 3 部分。

首先，它与 LinearLayout 布局一样，也分为水平和垂直两种方式，默认是水平布局，
控件挨着一个控件从左到右依次排列，但是通过指定 android:columnCount 设置列数的属
控件会自动换行进行排列。另一方面，对于 GridLayout 布局中的子控件，默认按照 wrap_c
的方式设置其显示，这只需要在 GridLayout 布局中显式声明即可。

其次，若要指定某控件显示在固定的行或列，只需设置该子控件的 android:layout_row 和 ~~~oid:layout_column 属性即可，但需要注意的是，android:layout_row="0"表示从第 1 行开始，~~~oid:layout_column="0"表示从第 1 列开始，这与编程语言中一维数组的赋值情况类似。

最后，如果需要设置某控件跨越多行或多列，只需将该子控件的 android:layout_rowSpan ~~~ layout_columnSpan 属性设置为数值，再设置其 layout_gravity 属性为 fill 即可，前一个设 ~~~明该控件跨越的行数或列数，后一个设置表明该控件填满所跨越的整行或整列。

（2）网格布局的主要属性

android:alignmentMode：设置布局的对齐模式，可以取以下值。

● alignBounds：对齐子视图边界。

● alignMargins：对齐子视距内容。

android:columnCount：GridLayout 的最大列数。
android:rowCount：GridLayout 的最大行数。
android:columnOrderPreserved：当设置为 true 时，列边界显示的顺序和列索引的顺序相同。
android:orientation：GridLayout 中子元素的布局方向，有以下取值。

● horizontal：水平布局。

● vertical：垂直布局。

android:rowOrderPreserved：当设置为 true 时，使行边界显示的顺序和行索引的顺序相同。
android:useDefaultMargins：当设置为 ture，且没有指定视图的布局参数时，告诉 GridLayout 使用 ~~~人的边距，默认值是 false。

（3）GridLayout 布局示例

步骤 1：创建一个 Android 项目，项目名称为 GridLayout_1。

步骤 2：选中 layout，并右击，在弹出的快捷菜单中选择 New→XML→Layout XML File ~~~，打开如图 3-13 所示的对话框，新建界面名称为 activitygrid，Root Tag 设置为 GridLayout，~~~ Finish 按钮。

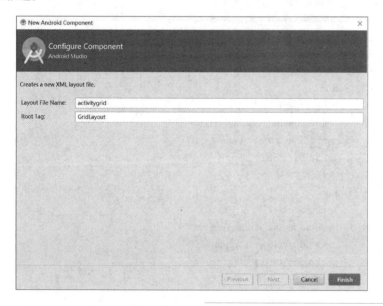

图 3-13
新建 GridLayout 界面

步骤 3：在 activitygrid.xml 中添加相关组件，实现网格布局效果，源代码如下。

笔 记

```xml
<?xml version="1.0" encoding="utf-8"?>
<GridLayout xmlns:android="http://schemas.android.com/apk/res/android"
    android:layout_width="match_parent"
    android:layout_height="match_parent"
    android:rowCount="6"
    android:columnCount="4">
<!--6 行 4 列 实现占满整个屏幕-->
<EditText
    android:hint="数值"
    android:layout_columnSpan="4"
    android:layout_gravity="fill_horizontal"
    android:layout_rowWeight="2"

 />
<!--跨 4 列 自动填充 权重 2-->
<Button
    android:text="清除"
    android:layout_columnWeight="1"
    android:layout_rowWeight="1"
    android:textSize="20dp"
    android:textColor="#00F"/>
//列 行权重为 1
<Button
    android:text="后退"
    android:layout_columnWeight="1"
    android:layout_rowWeight="1"
    android:textSize="20dp"/>
//列 行权重为 1
<Button
    android:text="/"
    android:layout_columnWeight="1"
    android:layout_rowWeight="1"
    android:textSize="20dp"/>
//列 行权重为 1
<Button
    android:text=" × "
    android:layout_columnWeight="1"
    android:layout_rowWeight="1"
    android:textSize="20dp"/>
//列 行权重为 1
<Button
    android:text="7"
    android:layout_columnWeight="1"
    android:layout_rowWeight="1"
    android:textSize="20dp"/>
//列 行权重为 1
<Button
    android:text="8"
    android:layout_columnWeight="1"
```

```
        android:layout_rowWeight="1"
        android:textSize="20dp"/>
//列 行权重为 1
<Button
        android:text="9"
        android:layout_columnWeight="1"
        android:layout_rowWeight="1"
        android:textSize="20dp"/>
//列 行权重为 1
<Button
        android:text="-"
        android:layout_columnWeight="1"
        android:layout_rowWeight="1"
        android:textSize="20dp"/>
//列 行权重为 1
<Button
        android:text="4"
        android:layout_columnWeight="1"
        android:layout_rowWeight="1"
        android:textSize="20dp"/>
//列 行权重为 1
<Button
        android:text="5"
        android:layout_columnWeight="1"
        android:layout_rowWeight="1"
        android:textSize="20dp"/>
//列 行权重为 1
<Button
        android:text="6"
        android:layout_columnWeight="1"
        android:layout_rowWeight="1"
        android:textSize="20dp"/>
//列 行权重为 1
<Button
        android:text="+"
        android:layout_columnWeight="1"
        android:layout_rowWeight="1"
        android:textSize="20dp"/>
//列 行权重为 1
<Button
        android:text="1"
        android:layout_columnWeight="1"
        android:layout_rowWeight="1"
        android:textSize="20dp"/>
//列 行权重为 1
<Button
        android:text="2"
        android:layout_columnWeight="1"
```

```
        android:layout_rowWeight="1"
        android:textSize="20dp"/>
    //列 行权重为 1
    <Button
        android:text="3"
        android:layout_columnWeight="1"
        android:layout_rowWeight="1"
        android:textSize="20dp"/>
    //列 行权重为 1
    <Button
        android:text="="
        android:layout_rowSpan="2"
        android:layout_gravity="fill_vertical"
        android:layout_columnWeight="1"
        android:layout_rowWeight="2"
        android:textSize="20dp"
        android:background="#22ac38"/>
    //跨 2 行 自动填充 绿色 列权重 1 行权重 2
    <Button
        android:text="0"
        android:layout_columnSpan="2"
        android:layout_gravity="fill_horizontal"
        android:layout_columnWeight="2"
        android:layout_rowWeight="1"
        android:textSize="20dp"/>
    //跨两列 自动填充 列权重 2 行权重 1
    <Button
        android:text="."
        android:layout_columnWeight="1"
        android:layout_rowWeight="1"
        android:textSize="20dp"/>
    //列 行权重为 1
</GridLayout>
```

图 3-14
网格布局运行效果

步骤 4：在 MainActivity.java 中修改代码如下。

```
setContentView(R.layout.activitygrid);
```

步骤 5：单击运行程序，效果如图 3-14 所示。

3.3 Android UI 中常用控件

微课 3-7
Android 常用控件
介绍

3.3.1 常用控件介绍

1. TextView

在 Android 中，文本框使用 TextView 表示，其作用是在界面上显示文本。

TextView 直接继承自 View 类，是一个只读文本标签，支持多行显示、字符串格式化以及换行等特性。TextView 基本语法格式如下：

```
<TextView
    属性列表
/>
```

表 3-1 列出了 TextView 常见的 XML 属性说明。

表 3-1　TextView 常见的 XML 属性

XML 属性	说　　明
roid:autoLink	是否将符合指定格式的文本转换为可单击的超链接形式
oid:id	设置该 TextView 的 id
roid:cursorVisible	设定光标为显示/隐藏，默认显示
roid:digits	设置允许输入哪些字符，如"1234567890.+-*/% ()"
roid:gravity	设置文本位置，如设置成"center"，文本将居中显示
roid:maxLength	限制显示的文本长度，超出部分不显示
roid:lines	设置文本的行数，设置 2 行就显示 2 行，即使第 2 行没有数据
roid:maxLines	设置文本的最大显示行数，与 width 或者 layout_width 结合使用，超出部分自动换行，超出行数将不显示
roid:minLines	设置文本的最小行数
roid:lineSpacingExtra	设置行间距
roid:phoneNumber	设置为电话号码的输入方式
roid:singleLine	设置单行显示。如果和 layout_width 一起使用，当文本不能全部显示时，后面用"…"来表示
roid:text	设置显示文本
roid:textColor	设置文本颜色
roid:textSize	设置文字大小
roid:textStyle	设置字形[bold(粗体) 0, italic(斜体) 1, bolditalic(又粗又斜) 2] 可以设置一个或多个，用"|"隔开
roid:height	设置文本区域的高度
roid:wight	设置文本区域的宽度

2. EditText

在 Android 中，编辑框使用 EditText 表示，这也是开发中经常使用到的一个控件，一个比要的组件，可以说它是用户跟应用进行数据传输的窗口。例如，实现一个登录界面，需要输入账号和密码，然后开发者获取到用户输入的内容，提交给服务区进行判断再做相应的。EditText 基本语法格式如下：

```
<EditText
    属性列表
/>
```

表 3-2 列出了 EditText 的常见 XML 属性。

表 3-2 EditText 常见的 XML 属性

XML 属性	说明
android:hint	为空时显示的文字提示信息,可通过 textColorHint 设置提示信息的颜色
android:inputType	设置文本的类型,用于帮助输入法显示合适的键盘类型。有如下值设置:none、tex textCapCharacters(字母大小)、textCapWords(单词首字母大小)、textAutoComplete(自完成)、phone(电话号码)、datetime(时间日期)、date(日期)、time(时间)等
android:password	以小点 "." 显示文本
android:phoneNumber	设置为电话号码的输入方式

3. Button(按钮)

在 Android 中,按钮使用 Button 表示,其作用是在屏幕上显示一个按钮。最常见的一用就是使用监听器,实现点击事件。Button 基本语法格式如下:

```
<Button
    属性列表
/>
```

(1)Button 的常见 XML 属性(见表 3-3)

表 3-3 Button 常用 XML 属性

XML 属性	说　　明
android:drawable	放一个 drawable 资源
android:drawableTop	可拉伸要绘制的文本的上部
android:drawableBottom	可拉伸要绘制的文本的下部
android:drawableLeft	可拉伸要绘制的文本的左侧
android:drawableRight	可拉伸要绘制的文本的右侧
android:text	设置显示的文本
android:textColor	设置显示文本的颜色
android:textSize	设置显示文本字体大小
android:background	可拉伸使用的背景
android:onClick	设置点击事件

(2)Button 状态

```
android:state_pressed        //是否按下,如一个按钮触摸或者点击
android:state_focused        //是否取得焦点,如用户选择了一个文本框
android:state_hovered        //光标是否悬停,通常与 focused state 相同,它是 4.0
                             //的新特性
android:state_selected       //被选中状态
android:state_checkable      //组件是否能被 check,如 RadioButton 是可以被
                             //check 的
android:state_checked        //被 checked 了,如一个 RadioButton 可以被 check
android:state_enabled        //能够接受触摸或者点击事件
android:state_activated      //被激活
```

android:state_window_focused	//应用程序是否在前台，当有通知栏被拉下来或 //者一个对话框弹出时，应用程序就不在前台了

（3）实现按钮监听方法

实现 Button 点击事件的监听方法有很多种，这里总结了常用的 4 种方法。

 注意 〉〉〉〉〉〉〉〉

在这里假如已经存在一个 Button 按钮名字叫 button1。

1）匿名内部类

在 Android 开发中经常使用各种匿名内部类，在实现 Button 点击事件时也可以用匿名内部类。
这样使用的优点如下。

● 不需要重新写一个类，直接在 new 时去实现想实现的方法，很方便。

● 当别的地方都用不到这个方法时使用匿名内部类。

● 高内聚（设计原则之一），匿名内部类的特性之一就是拥有高内聚。

其缺点如下。

● 当别的地方也需要同样的一个方法时还要重新再写一次匿名内部类，这样使得代码的冗
  余性很高。

● 后期维护不方便。

举例：在 MainActivity 中实现

```
/*
 * 方法1：使用匿名内部类实现 button 按钮的监听
 */
//绑定 button 按钮
btn1 = (Button) findViewById(R.id.button1);
//监听 button 事件
btn1.setOnClickListener(new OnClickListener() {
    @Override
    public void onClick(View v) {
        Toast tot = Toast.makeText(
                MainActivity.this,
                "匿名内部类实现 button 点击事件",
                Toast.LENGTH_LONG);
        tot.show();
    }
});
```

2）外部类（独立类）

重新写一个独立的类来实现业务逻辑或是想要的效果。

其优点如下。

● 一定情况下可以方便维护。

● 可以降低代码的冗余性，可以同时使用到多个地方。

其缺点如下。

● 当只使用一次时浪费资源，程序的性能不高。

● 当有很多个方法时代码的可读性不高，此时不方便维护。

举例：在 MainActivity 中实现，外部类中需要实现 OnClickListener 接口，并重写其中的方

```
            /*
             * 方法 2：独立类实现 button 按钮监听
             */
            Btn2= (Button) findViewById(R.id.button1);
            Btn2.setOnClickListener(new btn2Click(this));
        }
    }
public class btn2Click implements OnClickListener {
    private Context context;
        //重载 btn1Click 方法
    public btn1Click(Context ct){
        this.context=ct;
    }
    @Override
    public void onClick(View v) {
        Toast tot = Toast.makeText(
                context,
                "独立类实现 button 点击事件",
                Toast.LENGTH_LONG);
        tot.show();
    }
}
```

3）在主类中实现 OnClickListener 接口

与独立类实现的原理是一样的，其优点和缺陷也大径相同，实现 OnClickListener 接口
实现它其中的 onClick 方法。

```
            /*
             * 方法 3：实现 OnClickListener 接口
             */
            btn3 = (Button) findViewById(R.id.button1);
            btn3.setOnClickListener(this);
        }
    //实现 OnClickListener 接口中的方法
    @Override
    public void onClick(View v) {
        Toast tot = Toast.makeText(
                MainActivity.this,
                "接口 OnClickListener 实现 button 点击事件",
                Toast.LENGTH_LONG);
        tot.show();
    }
}
```

4）添加 XML 属性

可以给 XML 添加一个 onClick 属性来实现点击事件的监控。

优点：更加便捷，代码量能够减少。

缺点：每一次维护时都要在 XML 里改源代码，有些麻烦。

步骤 1：先修改 XML 中按钮的属性。

```
<Button
        android:id="@+id/button4"
        android:layout_width="fill_parent"
        android:layout_height="wrap_content"
        android:layout_alignLeft="@+id/button3"
        android:layout_below="@+id/button3"
        android:layout_marginTop="20dp"
        android:onClick="btn4Click"
        android:text="方法 4：添加 xml 属性" />
```

步骤 2：在 MainActivity 看添加代码。

```
/*
 * 方法 4：添加 XML 属性
 */
public void btn4Click(View v){
      Toast tot = Toast.makeText(
              MainActivity.this,
              "添加 XML 标签实现 button 点击事件",
              Toast.LENGTH_LONG);
      tot.show();
}
```

4. RadioButton 与 RadioGroup、CheckBox

单选按钮 RadioButton 在 Android 平台上也应用得非常多，例如，在使用一些选择项时，用到单选按钮，实现单选按钮由两部分组成，即 RadioButton 和 RadioGroup 配合使用。

RadioGroup 是单选组合框，可以容纳多个 RadioButton 的容器。在没有 RadioGroup 的情况下，RadioButton 可以全部都选中；当多个 RadioButton 被 RadioGroup 包含的情况下，RadioButton 只可以选择一个。并用 setOnCheckedChangeListener 来对单选按钮进行监听。

RadioButton 和复选框 CheckBox 都继承自 Button，因此它们都可以直接使用 Button 支持的各种属性和方法。RadioButton、CheckBox 与普通 Button 不同的是，它们多了可选中的功能，为 RadioButton 和 CheckBox 都可额外指定一个 andorid:checked 属性，该属性用于指定两者创建时是否被选中。

RadioButton 和 CheckBox 的不同之处在于，一组 RadioButton 只能选中其中一个，因此 RadioButton 通常要与 RadioGroup 一起使用，用于定义一组单选按钮。而 CheckBox 可以被选中任意多个，无需使用组进行管理。

其主要 XML 属性见表 3-4。

表 3-4　CheckBox、RadioGroup、RadioButton 主要属性

组件名称	XML 属性	说明
CheckBox（复选框）	android:text=""	复选方块前面的文字
	android:check=""	此复选框是否被选中
RadioGroup（单选按钮组）	android:checkedButton=""	默认被选中按钮
	android:orientation=""	单选按钮排列的方式
RadioButton（单选按钮）	android:text=""	按钮上的文本内容

5. ImageButton 和 ImageView

（1）ImageButton

ImageButton 和前面 Button 组件的功能完全相同，唯一的差别是 Button 组件上一般显示是文字，而 ImageButton 组件上显示的是图片。

ImageButton 通过如下属性指定所显示的图片。

android:src="@drawable/stone"

（2）ImageView

ImageView 的主要功能是用于显示图片，实际上这个说法不太严谨，因为它能显示不仅仅是图片，任何 Drawable 对象都可使用 ImageView 来显示。ImageView 常用属性表 3-5。

表 3-5　ImageView 常用属性

XML 属性	说明
android:adjustViewBounds	设置 ImageView 是否调整自己的边界来保持所显示图片的长宽比
android:maxHeight	设置 ImageView 的最大高度
android:maxWeight	设置 ImageView 的最大宽度
android:scaleType	设置所显示的图片如何缩放或移动以适应 ImageView 的大小
android:src	设置 ImageView 所显示的 Drawable 对象的 ID

android:scaleType 属性可指定如下属性值。

① matrix：用矩阵来绘图。

② fitXY：拉伸图片（不按比例）以填充 View 的宽高。

③ fitStart：按比例拉伸图片，拉伸后图片的高度为 View 的高度，且显示在 View 左边。

④ fitCenter：按比例拉伸图片，拉伸后图片的高度为 View 的高度，且显示在 View 的中。

⑤ fitEnd：按比例拉伸图片，拉伸后图片的高度为 View 的高度，且显示在 View 右边。

⑥ 按原图大小显示图片，但图片宽高大于 View 的宽高时，截图图片中间部分显示。

⑦ centerCrop：按比例放大原图直至等于某边 View 的宽高显示。

⑧ centerInside：当原图宽高或等于 View 的宽高时，按原图大小居中显示；反之将原放至 View 的宽高居中显示。

3.3.2　TextView 案例

步骤 1：创建一个 Android 项目，项目名称为 TextView_1。

步骤 2：选中 layout，并右击，在弹出的快捷菜单中选择 New→XML→Layout XML 命令，打开如图 3-15 所示的对话框，新建界面名称为 textview_layout，Root Tag 设 LinearLayout，单击 Finish 按钮。

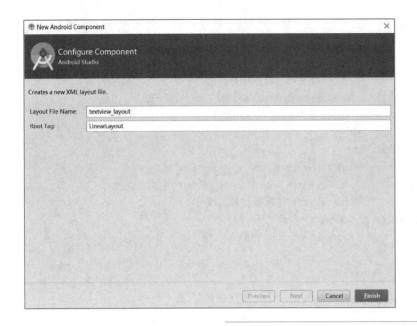

图 3-15
TextView 案例界面

步骤 3：在 textview_layout.xml 中添加相关组件，源代码如下。

```xml
<?xml version="1.0" encoding="utf-8"?>
<LinearLayout xmlns:android="http://schemas.android.com/apk/res/android"

    android:layout_width="match_parent"
    android:layout_height="match_parent"
    android:orientation="vertical"
    android:gravity="center_horizontal"
    android:background="#FFFFFF">
    <TextView
        android:layout_width="wrap_content"
        android:layout_height="wrap_content"
        android:text="凉州词"
        android:textSize="35dp"
        android:textStyle="bold"
        />
<TextView
        android:layout_width="wrap_content"
        android:layout_height="wrap_content"
        android:text="葡萄美酒夜光杯"
        android:textSize="25dp"
        android:textColor="#FF0000"
        />
<TextView
        android:layout_width="wrap_content"
        android:layout_height="wrap_content"
        android:text="欲饮琵琶马上催"
        android:textSize="25dp"
        android:textColor="#ff0000"
        />
```

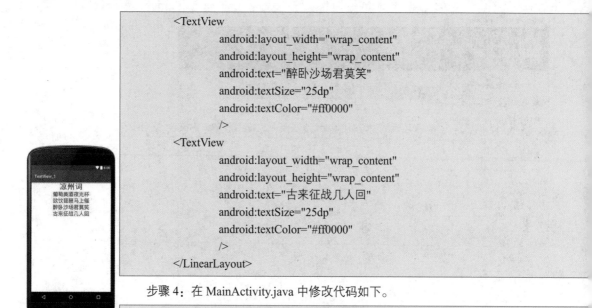

```
<TextView
        android:layout_width="wrap_content"
        android:layout_height="wrap_content"
        android:text="醉卧沙场君莫笑"
        android:textSize="25dp"
        android:textColor="#ff0000"
        />
<TextView
        android:layout_width="wrap_content"
        android:layout_height="wrap_content"
        android:text="古来征战几人回"
        android:textSize="25dp"
        android:textColor="#ff0000"
        />
</LinearLayout>
```

步骤 4：在 MainActivity.java 中修改代码如下。

```
setContentView(R.layout.textview_layout);
```

步骤 5：点击运行程序，效果如图 3-16 所示。

图 3-16
TextView 运行结果

3.3.3 EditText 与 Button 结合案例

步骤 1：创建一个 Android 项目，项目名称为 EB_1。

步骤 2：选中 layout，并右击，在弹出的快捷菜单中选择 New→XML→Layout XML 命令，打开如图 3-17 所示的对话框，新建界面名称为 eb_layout，Root Tag 设置为 LinearLay 单击 Finish 按钮。

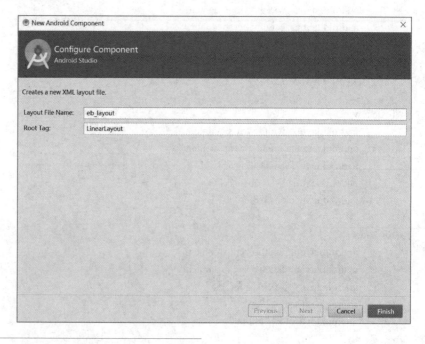

图 3-17
建立 EditText 与
Button 结合界面

步骤 3：在 eb_layout.xml 中添加相关组件，源代码如下。

```xml
<?xml version="1.0" encoding="utf-8"?>
<LinearLayout xmlns:android="http://schemas.android.com/apk/res/android"
    android:layout_width="match_parent"
    android:layout_height="match_parent"
    android:orientation="vertical">
    <LinearLayout
        android:layout_width="fill_parent"
        android:layout_height="wrap_content"
        android:gravity="center_horizontal"
        >
        <TextView
            android:layout_width="wrap_content"
            android:layout_height="wrap_content"
            android:text="注册新用户"
            android:textSize="12pt"
            android:textStyle="bold"
            />
    </LinearLayout>
    <LinearLayout
        android:layout_width="wrap_content"
        android:layout_height="wrap_content"
        android:orientation="horizontal"
        >
        <TextView
            android:layout_width="wrap_content"
            android:layout_height="wrap_content"
            android:text="用户名："
            android:textSize="10pt"/>
        <EditText
            android:layout_width="wrap_content"
            android:layout_height="wrap_content"
            android:hint="请填写登录账号"
            android:selectAllOnFocus="true"/>
    </LinearLayout>
    <LinearLayout
        android:layout_width="wrap_content"
        android:layout_height="wrap_content"
        android:orientation="horizontal"
        >
        <TextView
            android:layout_width="wrap_content"
            android:layout_height="wrap_content"
            android:text="密码："
            android:textSize="10pt"/>

        <EditText
            android:layout_width="wrap_content"
```

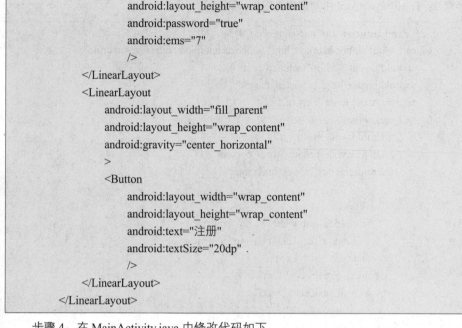

图 3-18
EditText 与 Button
结合运行效果

```
                    android:layout_height="wrap_content"
                    android:password="true"
                    android:ems="7"
                    />
        </LinearLayout>
        <LinearLayout
            android:layout_width="fill_parent"
            android:layout_height="wrap_content"
            android:gravity="center_horizontal"
            >
            <Button
                android:layout_width="wrap_content"
                android:layout_height="wrap_content"
                android:text="注册"
                android:textSize="20dp" .
                />
        </LinearLayout>
    </LinearLayout>
```

步骤 4：在 MainActivity.java 中修改代码如下。

```
setContentView(R.layout.eb_layout);
```

步骤 5：点击运行程序，效果如图 3-18 所示。

3.3.4 RadioButton、CheckBox 与 RadioGroup 结合案例

微课 3-8
RadioButton、
CheckBox 与
RadioGroup
结合案例

步骤 1：创建一个 Android 项目，项目名称为 RCR_1。

步骤 2：选中 layout，并右击，在弹出的快捷菜单中选择 New→XML→Layout XML 命令，打开如图 3-19 所示的对话框，新建界面名称为 rcr_layout，Root Tag 设置为 TableLay 单击 Finish 按钮。

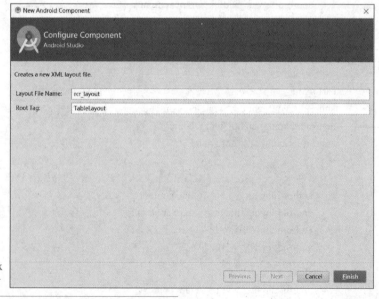

图 3-19
建立 RadioButton、CheckBox
与 RadioGroup 结合案例界面

步骤 3：在 rcr_layout.xml 中添加相关组件，源代码如下。

```xml
<?xml version="1.0" encoding="utf-8"?>
<TableLayout xmlns:android="http: //schemas.android. com/apk/res/android"
    android:layout_width="match_parent"
    android:layout_height="match_parent" >
    <TableRow
        android:layout_width="fill_parent"
        android:layout_height="wrap_content"
        android:gravity="center_horizontal">
        <TextView
            android:layout_width="wrap_content"
            android:layout_height="wrap_content"
            android:text="个人信息"
            android:textStyle="bold"
            android:textSize="12pt"/>
    </TableRow>
    <TableRow
        android:layout_width="fill_parent"
        android:layout_height="wrap_content">
        <TextView
            android:layout_width="wrap_content"

            android:layout_height="wrap_content"
            android:text="姓名："
            android:textSize="8pt"/>
        <EditText
            android:layout_width="wrap_content"
            android:layout_height="wrap_content"
            android:ems="8"/>
    </TableRow>
    <TableRow
        android:layout_width="fill_parent"
        android:layout_height="wrap_content">
        <TextView
            android:layout_width="wrap_content"
            android:layout_height="wrap_content"
            android:text="出生日期："
            android:textSize="8pt"/>
        <EditText
            android:layout_width="wrap_content"
            android:layout_height="wrap_content"
            android:inputType="date"
            android:ems="8"/>
    </TableRow>

    <TableRow >
        <TextView
            android:layout_width="wrap_content"
```

```xml
                android:layout_height="wrap_content"
                android:text="性别："
                android:textSize="8pt"/>
            <RadioGroup
                android:id="@+id/sex"
                android:layout_width="fill_parent"
                android:layout_height="wrap_content"
                android:orientation="horizontal">
                <RadioButton
                    android:id="@+id/male"
                    android:textSize="8pt"
                    android:text="男"/>
                <RadioButton
                    android:id="@+id/female"
                    android:textSize="8pt"
                    android:text="女"/>
            </RadioGroup>
        </TableRow>
        <TextView
            android:layout_width="wrap_content"
            android:layout_height="wrap_content"
            android:text="兴趣爱好："
            android:textSize="8pt"/>
        <TableRow
            android:layout_width="wrap_content"
            android:layout_height="wrap_content"
            >
            <CheckBox
                android:layout_width="wrap_content"
                android:layout_height="wrap_content"
                android:textSize="8pt"
                android:text="编程"/>
            <CheckBox
                android:layout_width="wrap_content"
                android:layout_height="wrap_content"
                android:textSize="8pt"
                android:text="旅游"/>
        </TableRow>

        <TableRow >
            <TextView
                android:layout_width="wrap_content"
                android:layout_height="wrap_content"
                android:text="电子邮箱："
                android:textSize="8pt"/>
            <EditText
                android:id="@+id/email"
                android:layout_width="wrap_content"
```

```
                android:layout_height="wrap_content"
                android:ems="8"/>
            <TextView
                android:layout_width="wrap_content"
                android:layout_height="wrap_content"
                android:id="@+id/right"/>
        </TableRow>
        <TableRow
            android:gravity="center_horizontal">
            <Button
                android:layout_width="wrap_content"
                android:layout_height="wrap_content"
                android:text="保存"
                android:textSize="8pt"/>
        </TableRow>
    </TableLayout>
```

图 3-20
RadioButton、
CheckBox 与
RadioGroup 结
合运行效果

步骤 4：在 MainActivity.java 中修改代码如下。

```
setContentView(R.layout.eb_layout);
```

步骤 5：点击运行程序，效果如图 3-20 所示。

3.5 ImageButton 与 ImageView 结合案例

步骤 1：创建一个 Android 项目，项目名称为 IB_IV。

步骤 2：选中 layout，并右击，在弹出的快捷菜单中选择 New→XML→Layout XML File，打开如图 3-21 所示的对话框，新建界面名称为 ib_iv，Root Tag 设置为 RelativeLayout，† Finish 按钮。

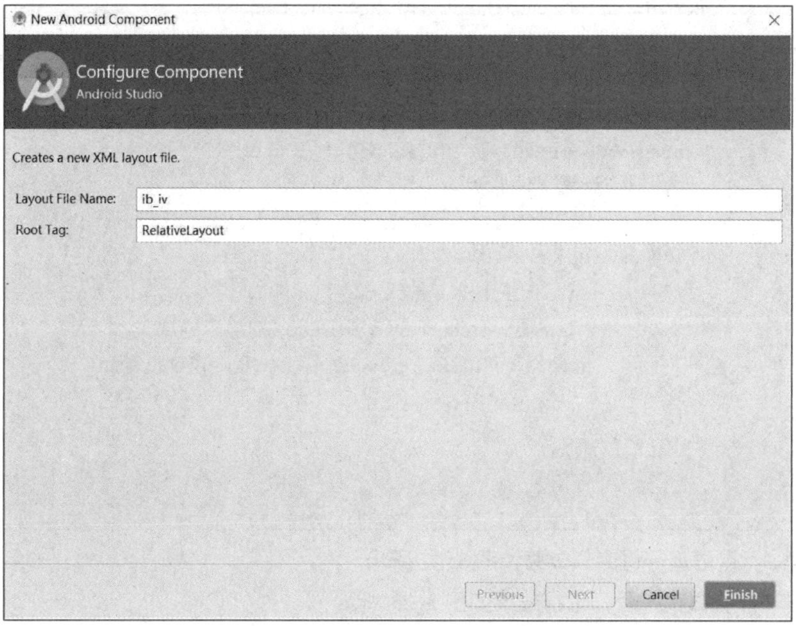

图 3-21
建立 ImageButton 与
ImageView 结合案例界面

步骤 3：在 ib_iv.xml 中添加相关组件，源代码如下。

```xml
<?xml version="1.0" encoding="utf-8"?>
<RelativeLayout xmlns:android="http://schemas.android.com/apk/res/ android"
    android:layout_width="match_parent"
    android:layout_height="match_parent">
    <ImageButton
        android:id="@+id/ib1"
        android:layout_width="300sp"
        android:layout_height="350sp"
        android:layout_centerHorizontal="true"
        android:src="@drawable/back"
        />
    <ImageView
        android:id="@+id/iv1"
        android:layout_width="300sp"
        android:layout_height="300sp"
        android:layout_below="@id/ib1"
        android:layout_marginTop="20dp"
        android:layout_centerHorizontal="true"
        ></ImageView>
</RelativeLayout>
```

步骤 4：在 MainActivity.java 中修改如下代码。

```java
public class MainActivity extends AppCompatActivity {
    ImageButton imageButton;
    ImageView    imageView;
    @Override
    protected void onCreate(Bundle savedInstanceState) {
        super.onCreate(savedInstanceState);
        setContentView(R.layout.ib_iv);
        imageButton=(ImageButton)findViewById(R.id.ib1);
        imageView=(ImageView)findViewById(R.id.iv1) ;
        //为按钮设置事件监听
        imageButton.setOnClickListener(new Button.OnClickListener() {
            @Override
            public void onClick(View view) {
                //对话框，Builder 是 AlertDialog 的静态内部类
                imageView.setBackgroundResource(R.drawable.anan);
            }
        });
    }
}
```

步骤 5：点击运行程序，效果如图 3-22 所示。

点击"点我试试"后，运行效果如图 3-23 所示。

图 3-22
ImageButton 与 ImageView
结合运行效果 1

图 3-23
ImageButton 与 ImageView
结合运行效果 2

3.4 Android 新装扮综合案例

　　本案例以门禁系统为例来进行案例的编写。此案例详细代码见代码案例 3 综合案例,代码
当作为配套资源提供给读者。这里只列出主要的步骤代码。

微课 3-9
Android 新装扮
综合案例

　　步骤 1:创建一个 Android 项目,项目名称为 DoorMange。

　　步骤 2:新建界面名称为 activity_main,Root Tag 设置为 RelativeLayout,单击 Finish
钮。

　　步骤 3:完成 activity_main 界面的设置,使用嵌套相对布局来完成首界面的设计,生
界面如图 3-24 所示。参考代码在配套资源库中,希望读者能够根据图 3-24 生成的界面自行
成。

图 3-24
activity_main 生成界面

　　步骤 4:新建界面名称为 activity_other,Root Tag 设置为 RelativeLayout,单击 Finish 按钮,
成如图 3-25 所示界面。

　　步骤 5:新建界面名称为 activity_xinxi,Root Tag 设置为 RelativeLayout,单击 Finish 按钮。
成 activity_xinxi 界面的设置,使用嵌套相对布局来完成注册信息显示界面的设计,如图 3-26
示。

图 3-25
activity_other
生成界面

图 3-26
activity_xinxi
生成界面

步骤 6：编写 MainActivity.java 文件，监听"注册"按钮、"查询信息"按钮、"刷卡"按
钮，点击"注册"按钮和"查询信息"按钮后，调用相应的界面，点击"刷卡"按钮后，__
做刷卡的动作。代码如下。

```java
public class MainActivity extends Activity {
    ImageView card;
    Button btn_zhuce,btn_shuaka,btn_chaxun;
    TranslateAnimation animation;
    HightFrequencyThread _instance;
    @Override
    protected void onCreate(Bundle savedInstanceState) {
        super.onCreate(savedInstanceState);
        setContentView(R.layout.activity_main);
        intiview();
    }
    private void intiview() {//初始化卡的操作
        // TODO Auto-generated method stub
        card=(ImageView)findViewById(R.id.card1);
        animation=new TranslateAnimation(0f, -150, 0f, 0f);
        animation.setDuration(1000);
    }
    public void myclick(View v){//点击按钮操作
        switch (v.getId()) {
        case R.id.btn_zhuce:
            startActivity(new Intent(MainActivity.this, OtherActivity.class));
            break;
        case R.id.btn_shuaka:
            card.startAnimation(animation);
```

```
                break;
            case R.id.btn_chaxun:
                btn_chaxun();
                break;
            default:
                break;
        }
    }
    private void btn_chaxun() {
        // TODO Auto-generated method stub
        startActivity(new Intent(MainActivity.this, XinxiActivity.class));
    }
    @Override
        protected void onResume() {
            // TODO Auto-generated method stub
            super.onResume();
        }
    }
```

步骤 7：OtherActivity.java 将 activity_other 界面显示出来，并没有做其他的操作，代码如下。

```
public class OtherActivity extends Activity {
    private HightFrequencyThread _instance;
    @Override
    protected void onCreate(Bundle savedInstanceState) {
        super.onCreate(savedInstanceState);
        setContentView(R.layout.activity_other);
    }
}
```

步骤 8：XinxiActivity.java 文件，只是将 activity_xinxi 界面显示出来，并将程序定义的 View 与界面中的 ListView 建立关联。代码如下。

```
public class XinxiActivity extends Activity {
    ListView listView;
        @Override
    protected void onCreate(Bundle savedInstanceState) {
        super.onCreate(savedInstanceState);
        setContentView(R.layout.activity_xinxi);
        intiview();
    }
    private void intiview() {
        // TODO Auto-generated method stub
        listView=(ListView) findViewById(R.id.listView1);
    }
}
```

步骤 9：最终在 MUMU 模拟器中运行结果如图 3-27～图 3-29 所示。

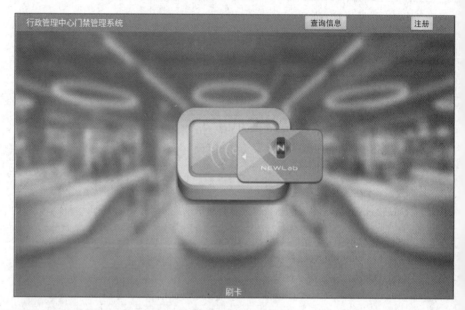

图 3-27
运行首界面

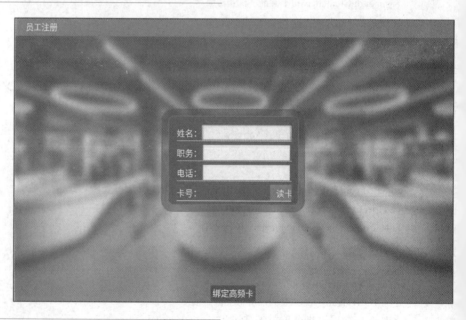

图 3-28
运行注册界面

图 3-29
运行查询信息界面

【试一试】

针对上面案例，请读者自己编写看看效果。

案例小结

本任务综合讲解了 Android 中常用的 UI 布局及控件的使用，相信读者已经对界面布局和
已经有了很深的理解，并能通过本节课学习的知识搭建自己的 UI 界面了。在 Android 4.0
版本中共有 5 种布局，都是 ViewGroup 的子类，分别是 AbsoluteLayout、RelativeLayout、
arLayout、FrameLayout、TableLayout（中文分别是绝对布局、相对布局、线性布局、帧布
表格布局），而 TableLayout 是 LinearLayout 的子类。
在 Android 2.2 操作系统中将 AbsoluteLayout 过期。而目前 TableLayout 也逐渐少用。
在 Android 4.0 之后又新增 GridLayout（GridLayout 最经典的案例是计算器界面）。
总之，Android 中一共有 6 种布局，目前推荐使用 RelativeLayout、LinearLayout、GridLayout
种布局。

案例 **4**

Android 运输大队长

学习目标

【知识目标】
- ➢ 掌握 Activity 的生命周期。
- ➢ 掌握 Intent 组件功能。
- ➢ 掌握 Intent 显式隐式之分。

【能力目标】
- ➢ 能够成功创建 Activity 并实现跳转和数据传递。
- ➢ 能够理解 Intent 的用途。

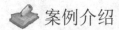

案例介绍

Intent 的英文意思是"意向、打算",就是告诉别人你的意图。

可以形象地比喻 Intent 是运输大队长,应用程序当中的所有数据都是通过 Intent 来传递。它主要在整个应用程序中传递数据,界面与界面之间的传递,页面与页面之间的传递,都过 Intent 来完成,如图 4-1 所示。

> 我是运输大队长,
> 应用程序当中所有
> 的数据都要通过我
> 来递送!

图 4-1
Intent 大队长

笔记

Android 基本的设计理念是鼓励减少组件间的耦合,因此 Android 提供了 Intent(意图用意图激活其他组件。Intent 提供了一种通用的消息系统,它允许在应用程序与其他应用间传递 Intent 来执行和产生事件。使用 Intent 可以激活 Android 应用的 3 个核心组件:活服务和广播接收器。Intent 代表了要执行的某一种想法,要干的某一件事情。

本案例主要来学习 Intent 的相关操作。

4.1　Intent 概述

4.1.1　Intent 简介

Android 使用 Intent 来封装程序的启动意图,不管是想启动一个 Activity,或者想启动 Service 组件,还是想启动一个 BroadcastReceiver,Android 统一使用 Intent 对象来封装这动意图。

简单概括,意图包括 Action(动作)、Category(附加信息)、Data(数据,具体内 Tpye(类型)等,意图其实就是启动一个组件的完整的动作信息,例如打人,打就是 A 动作,人就是 Data 内容,而 Type 就是类型,打什么人呢? 打坏人,Type 就是指的坏人 只有这些信息都具备了才能执行一个完整的意图,当然还有一些信息,如 scheme 就是 U 型的数据的前缀,如这个例子中的 sms:,还有 host 主机名、path 路径等。

Intent 是一种运行时绑定(Runtime Binding)机制,它能在程序运行的过程中连接两同的组件。通过 Intent,用户的程序可以向 Android 表达某种请求或者意愿,Android 会根愿的内容选择适当的组件来响应。

Activity、Service 和 Broadcast Receiver 之间是通过 Intent 进行通信的,而另外一个

ent Provider 本身就是一种通信机制，不需要通过 Intent，如图 4-2 所示。

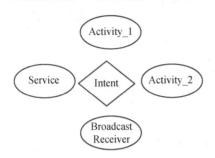

图 4-2
Intent 通信

如果 Activity_1 需要和 Activity_2 进行联系，二者不需要直接联系，而是通过 Intent 作为
。通俗来讲，Intent 类似于中介、媒婆的角色。

（1）对于上述 3 种组件发送 Intent 有不同的机制

使用 Context.startActivity()或 Activity.startActivityForResult()，传入一个 Intent 来启动一个
ity。使用 Activity.setResult()，传入一个 Intent 来从 Activity 中返回结果。

将 Intent 对象传给 Context.startService()来启动一个 Service 或者传消息给一个运行的
ce。将 Intent 对象传给 Context.bindService()来绑定一个 Service。

将 Intent 对象传给 Context.sendBroadcast()、Context.sendOrderedBroadcast()，或者
ext.sendStickyBroadcast()等广播方法，则它们被传给 Broadcast Receiver。

（2）Intent 相关属性

Intent 由以下各个部分组成。

1）Component（组件）：目的组件

Component 属性明确指定 Intent 的目标组件的类名称（属于直接 Intent）。

```
Intent intent = new Intent(MainActivity.this,SecondActivity.class);
startActivity(intent);
```

2）Action（动作）：用来表现意图的行动

当日常生活中，描述一个意愿或愿望的时候，总是有一个动词在其中。例如，我想"做"
小船；我要"写"一封家书等。在 Intent 中，Action 就是描述做、写等动作的，当指明了
Action，执行者就会依照这个动作的指示，接受相关输入，表现对应行为，产生符合的输
在 Intent 类中，定义了一些批量的动作，如 ACTION_VIEW、ACTION_PICK 等，基本涵
常用动作。加的动作越多，越精确。

Action 是一个用户定义的字符串，用于描述一个 Android 应用程序组件，一个 Intent
可以包含多个 Action。在 AndroidManifest.xml 的 Activity 定义时，可以在其 <intent-filter>
指定一个 Action 列表用于标识 Activity 所能接受的"动作"。

3）Category（类别）：用来表现动作的类别

Category 属性也是作为<intent-filter>子元素来声明的。例如：

```
<intent-filter>
    <action android:name="com.vince.intent.MY_ACTION"></action>
    <category android:name="com.vince.intent.MY_CATEGORY"></category>
    <category android:name="android.intent.category.DEFAULT"></category>
</intent-filter>
```

笔 记

Action 和 Category 通常是放在一起用的，在 Intent 添加类别可以添加多个类别，那就被匹配的组件必须同时满足这多个类别，才能匹配成功。操作 Activity 时，如果没有类别加上默认类别。

4）Data（数据）：表示动作要操纵的数据

Data 属性是 Android 要访问的数据，和 Action、Category 声明方式相同，<intent-filter>中。

多个组件匹配成功显示优先级高的。

Data 是用一个 URI 对象来表示的，URI 代表数据的地址，属于一种标识符。通常情况使用 Action+Data 属性的组合来描述一个意图：做什么。

使用隐式 Intent，不仅可以启动自己程序内的活动，还可以启动其他程序的活动，这 Android 多个应用程序之间的功能共享成为可能。例如，应用程序中需要展示一个网页，必要自己去实现一个浏览器（事实上也不太可能），而是只需要调用系统的浏览器来打开网页即可。

5）Type（数据类型）：对于 Data 范例的描写

如果 Intent 对象中既包含 URI 又包含 Type，那么，在<intent-filter>中也必须二者都包能通过测试。

Type 属性用于明确指定 Data 属性的数据类型或 MIME 类型，但是通常来说，当 Inte 指定 Data 属性时，Type 属性才会起作用，否则 Android 系统将会根据 Data 属性值来分析的类型，所以无需指定 Type 属性。

Data 和 Type 属性一般只需要一个，通过 setData 方法会把 Type 属性设置为 null，相置 setType 方法会把 Data 设置为 null，如果想要两个属性同时设置，要 Intent.setDataAndType()方法。

6）Extras（扩展信息）：扩展信息

Extras 是其他所有附加信息的集合。使用 Extras 可以为组件提供扩展信息，例如，如执行"发送电子邮件"这个动作，可以将电子邮件的标题、正文等保存在 Extras 里，传给邮件发送组件。

7）Flags（标志位）：期望这个意图的运行模式

一个程序启动后系统会为这个程序分配一个 Task 供其使用，另外同一个 Task 里面可有不同应用程序的 Activity。

注意 〉〉〉〉〉〉〉》

Android 中一组逻辑上在一起的 activity 被称为 task，可以理解成一个 activity 堆栈。

接下来，首先了解一下 Activity 的生命周期，因为 Activity 之间的跳转与跳转数据传用到了 Intent。

4.1.2 Activity 的生命周期

微课 4-1
Activity 的生命周期
与显式 Intent

任何事物都有其产生、发展和消亡的过程，同样 Activity 也有其从产生到消亡的生命过程。当 Activity 在 Android 应用中运行时，它的状态以栈的形式进行管理，当前活动的 Ac

栈顶，随着应用的运行，每个 Activity 都有可能从运行状态转入非运行状态，也有可能从
行状态转入运行状态。

（1）Activity 的生命周期状态

Activity 的生命周期主要包含以下 4 种状态，如图 4-3 所示。

① 运行状态：此时 Activity 显示在屏幕前台，可以和用户的操作进行交互，如向用户提
息、捕获用户单击按钮的事件并作处理。

② 暂停状态：此时 Activity 失去焦点，并被其他处于运行状态的 Activity 取代在前台显示，
切换后的 Activity 程序不能铺满整个屏幕窗口或者是本身具备透明效果，则该暂停的
ity 程序对用户仍然可见，但不可以与其进行交互。

③ 停止状态：停止状态的 Activity 不仅失去焦点，而且完全不可见，但是也会保留自己
行状态。停止状态的 Activity 会在系统需要时被结束。

④ 销毁状态：该 Activity 结束，或 Activity 所在的 Dalvik（Android 平台的虚拟机）进程
束。

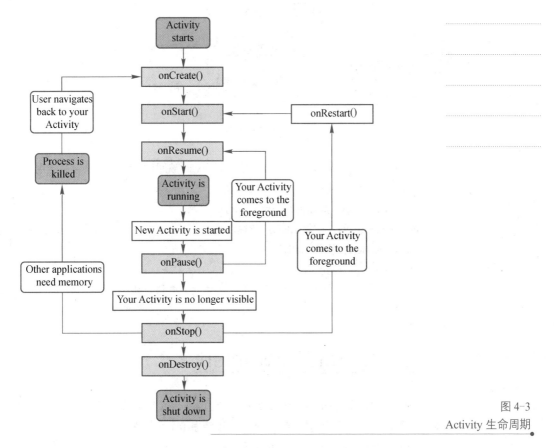

图 4-3
Activity 生命周期

（2）Activity 的生命周期方法

如图 4-4 所示，Activity 的生命周期过程通过以下 7 个生命周期方法来体现，这些方法不
用户去调用，当满足一定条件时，系统会自动调用。

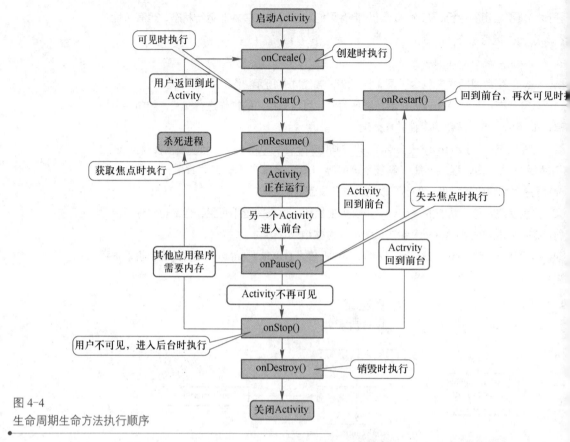

图 4-4
生命周期生命方法执行顺序

① onCreate(Bundle bundle)：创建 Activity 时被回调。该方法只会被调用。

② onStart()：启动 Activity 时被回调。

③ onRestart()：重新启动 Activity 时被回调。

④ onResume()：恢复 Activity 时被回调，onStart()方法后一定会回调 onResume()方法

⑤ onPause()：暂停 Activity 时被回调。

⑥ onStop()：停止 Activity 时被回调。

⑦ troy()：销毁 Activity 时被回调。该方法只会被调用一次。

4.2 Android 显式 Intent

显式意图：调用 Intent.setComponent()或 Intent.setClass()方法明确指定了组件名的 Inte
显式意图，显式意图明确指定了 Intent 应该传递给那个组件。

例如，Intent intent = new Intent();

intent.setAction(Activity1.this,Activity2.class);

startActivity(intent);

显式意图一般在应用的内部使用，因为在应用内部已经知道了组件的名称直接激活即可

显式意图很简单，下面以 Activity 生命周期和数据传递的案例来学习显式 Intent
用方法。

.1　Activity 生命周期

步骤 1：创建一个 Android 项目，项目名称为 Activity_1，在此新项目中会默认新建一个
ity 为 MainActivity.java 文件。

步骤 2：在新建项目生动生成的 activity_main.xml 中修改如下内容。

```
<TextView
        android:layout_width="wrap_content"
        android:layout_height="wrap_content"
        android:text="Activity 生命周期!"
  />
```

步骤 3：选中 app→java 下的包名，并右击，在弹出的快捷菜单中选择 New→Activity→
y Activity 命令，打开如图 4-5 所示对话框，新建 Activity Name 为 Test2，取消选中 Generate
ut File 复选框，单击 Finish 按钮。

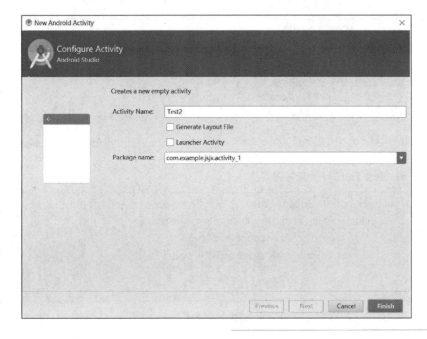

图 4-5
Activity 创建界面

步骤 4：在 MainActivity.java 中修改如下代码。

```
public class MainActivity extends Activity {
/** Called when the activity is first created. */
@Override
public void onCreate(Bundle savedInstanceState) //创建时调用
{       super.onCreate(savedInstanceState);
        setContentView(R.layout.activity_main);
        Log.v("--", "create");
        Intent intent=new Intent(this,Test2.class);
        startActivity(intent);
}
@Override
protected void onDestroy() {//销毁时调用
```

```
                              Log.v("--", "destroy");
                              super.onDestroy();
                          }
                          @Override
                          protected void onPause() {//失去焦点时调用
                              Log.v("--", "pause");
                              super.onPause();
                          }
                          @Override
                          protected void onResume() {//获得焦点时调用
                              Log.v("--", "resume");
                              super.onResume();
                          }
                          @Override
                          protected void onStart() {//可见时调用
                              Log.v("--", "start");
                              super.onStart();
                          }
                          @Override
                          protected void onStop() {//进入后台时执行
                              Log.v("--", "stop");
                              super.onStop();
                          }
                      }
```

步骤 5：修改 Test2.java 文件内容。

```
              public class Test2 extends Activity {
                  public void onCreate(Bundle savedInstanceState) {
                      super.onCreate(savedInstanceState);
                      setContentView(R.layout.activity_main);
                  }
              }
```

步骤 6：点击运行程序，显示效果如图 4-6 所示。

```
08-24 11:30:45.552 3679-3679/com.example.jsjx.activity_3 V/--: start
08-24 11:30:45.552 3679-3679/com.example.jsjx.activity_3 V/--: resume
08-24 11:30:45.616 3679-3679/com.example.jsjx.activity_3 W/EGL_emulation: eglSurfaceAttrib not implemen
08-24 11:30:47.364 3679-3679/com.example.jsjx.activity_3 V/--: pause
08-24 11:30:48.248 3679-3679/com.example.jsjx.activity_3 V/--: stop
08-24 11:30:48.252 3679-3679/com.example.jsjx.activity_3 V/--: destroy
```

图 4-6
Activity 生命
周期运行效果

4.2.2 Activity 数据传输

微课 4-2
Activity 的数据传输

首先了解 Bundle 类。

Bundle 类是一种数据载体，类似于 Map，用于存放 key-value 名值对形式的值。相Map，它提供了各种常用类型的 putXxx()/getXxx()方法。

例如，putString()/getString()和 putInt()/getInt()。putXxx()用于往 Bundle 对象放入数

xx()用于从 Bundle 对象里获取数据。

Bundle 的内部实际上是使用了 HashMap 类型的变量来存放 putXxx()方法放入的值。Bundle 一个专门用于导入 Intent 传值的包。

下面讲解通过显式 Intent 进行数据传递的过程。

步骤 1：创建一个 Android 项目，项目名称为 Activity_2。

步骤 2：新建两个界面，其名称分别为 activity_layout、result_layout，Root Tag 分别设置 bleLayout、LinearLayout，单击 Finish 按钮。

步骤 3：在 activity_layout.xml 和 result_layout.xml 中添加相关组件，源代码如下。

① activity_layout.xml。

```xml
<?xml version="1.0" encoding="utf-8"?>
<TableLayout xmlns:android="http://schemas.android.com/apk/res/android"
    android:layout_width="match_parent"
    android:layout_height="match_parent" >
    <TableRow >
        <TextView
            android:layout_width="wrap_content"
            android:layout_height="wrap_content"
            android:text="用户名："
            android:textSize="20dp"/>
        <EditText
            android:id="@+id/userName"
            android:layout_width="wrap_content"
            android:layout_height="wrap_content"
            android:ems="10"/>
    </TableRow>
    <TableRow >
        <TextView
            android:layout_width="wrap_content"
            android:layout_height="wrap_content"
            android:text="密码："
            android:textSize="20dp"/>
        <EditText
            android:id="@+id/userPass"
            android:layout_width="wrap_content"
            android:layout_height="wrap_content"
            android:password="true"
            android:ems="10"/>
    </TableRow>
    <TableRow
        android:gravity="center_horizontal">
        <Button
            android:layout_width="wrap_content"
            android:layout_height="wrap_content"
            android:id="@+id/button1"
            android:text="登录"/>
    </TableRow>
</TableLayout>
```

② result_layout.xml。

```xml
<?xml version="1.0" encoding="utf-8"?>
<LinearLayout xmlns:android="http://schemas.android.com/apk/res/android"
    android:layout_width="match_parent"
    android:layout_height="match_parent">
    <TextView
        android:layout_width="wrap_content"
        android:layout_height="wrap_content"
        android:id="@+id/textView1"
        android:textSize="20dp"/>
</LinearLayout>
```

步骤 4：在 MainActivity.java 中修改代码。

```java
public class MainActivity extends Activity {
Button myButton;
EditText userName;
@Override
protected void onCreate(Bundle savedInstanceState) {
    super.onCreate(savedInstanceState);
    setContentView(R.layout.activity_layout);
    myButton=(Button)findViewById(R.id.button1);
    myButton.setOnClickListener(new myListener());

}
class myListener implements OnClickListener
 {
    public void onClick(View arg0) {
        // TODO Auto-generated method stub
        Intent intent=new Intent();
    //设置传递方向
        intent.setClass(MainActivity.this, ResultActivity.class);
        userName=(EditText)findViewById(R.id.userName);
        String name=userName.getText().toString();
    //使用 Bundle 在 Actioity 间传递数据
        Bundle data=new Bundle();
        data.putString("user", name);
        intent.putExtras(data);
        startActivity(intent);
    }
 }
@Override
public boolean onCreateOptionsMenu(Menu menu) {
    // Inflate the menu; this adds items to the action bar if it is present.
    getMenuInflater().inflate(R.menu.main, menu);
    return true;
}
}
```

步骤 5：选中 app→java 下的包名，并右击，在弹出的快捷菜单中选择 New→Activity→Empty
~~ity~~ 命令，新建 Activity Name 为 ResultActivity，取消选中 Generate Layout File 复选框，单
~~nish~~ 按钮。

步骤 6：在 ResultActivity.java 中修改代码。

```
public class ResultActivity extends Activity{
@Override
protected void onCreate(Bundle savedInstanceState) {
        // TODO Auto-generated method stub
        super.onCreate(savedInstanceState);
        setContentView(R.layout.result_layout);
        Intent intent=getIntent();
        Bundle data=intent.getExtras();
        String userName=data.getString("user");
        TextView mytext=(TextView)findViewById(R.id.textView1);
        mytext.setText("用户名"+ userName);
    }
}
```

步骤 7：点击运行程序，效果如图 4-7 所示。

点击"登录"按钮后，运行效果如图 4-8 所示。

图 4-7
Activity 案例运行效果 1

图 4-8
Activity 案例运行效果 2

3 Android 隐式 Intent

.1 Intent 隐式意图概述

没有明确指定组件名的 Intent 为隐式意图。Android 系统会根据隐式意图中设置的动作

微课 4-3
Android 隐式 Intent

笔记

（Action）、类别（Category）、数据（URI 和数据类型）找到最合适的组件来处理这个意图

隐式意图是在应用与应用之间使用，当一个应用要激活另一个应用中的 Activity 时看源代码，只能使用隐式意图，根据 Activity 配置的意图过滤器建一个意图，让意图中的各数的值都跟过滤器匹配，这样就可以激活其他应用中的 Activity。所以，隐式意图是在应应用之间使用的。

Intent 的隐式意图与显示意图相反，它不指定跳转的界面，是根据设置 Action 的值来跳只要与设置的 Action 值匹配就行。

4.3.2　Intent 的 4 个重要属性

（1）Action

Action 属性的值为一个字符串，它代表系统中已经定义了一系列常用的动作，可以 setAction()方法或在清单文件 AndroidManifest.xml 中设置，默认为 DEFAULT。

- ACTION_MAIN：Android Application 的入口，每个 Android 应用必须且只能包含此类型的 Action 声明。
- ACTION_VIEW：系统根据不同的 Data 类型，通过已注册的对应 Application 显示数
- ACTION_EDIT：系统根据不同的 Data 类型，通过已注册的对应 Application 编辑示数
- ACTION_DIAL：打开系统默认的拨号程序，如果 Data 中设置了电话号码，则自拨号程序中输入此号码。
- ACTION_CALL：直接呼叫 Data 中所带的号码。
- ACTION_ANSWER：接听来电。
- ACTION_SEND：由用户指定发送方式进=进行数据发送操作。
- ACTION_SENDTO：系统根据不同的 Data 类型，通过已注册的对应 Application 进据发送操作。
- ACTION_BOOT_COMPLETED：Android 系统在启动完毕后发出带有此 Action 的（Broadcast）。
- ACTION_TIME_CHANGED：Android 系统的时间发生改变后发出的带有此 Action 播（Broadcast）。
- ACTION_PACKAGE_ADDED：Android 系统安装了新的 Application 之后发出的带 Action 的广播（Broadcast）。
- ACTION_PACKAGE_CHANGED：Android 系统中已存在的 Application 发生改变（如应用更新操作）发出的带有此 Action 的广播（Broadcast）。
- ACTION_PACKAGE_REMOVED：卸载了 Android 系统已存在的 Application 之后的带有此 Action 的广播（Broadcast）。

```
Intent intent = new Intent(Intent.ACTION_VIEW);
intent.setData(Uri.parse("http://www.baidu.com"));
startActivity(intent);
```

与此对应，还可以在<intent-filter>标签中再配置一个<data>标签，用于更精确地指定活动能够响应什么类型的数据。

- android:scheme 用于指定数据的协议部分，如上例中的 http 部分。
- android:host 用于指定数据的主机名部分，如上例中的 www.baidu.com 部分。
- android:port 用于指定数据的端口部分，一般紧随在主机名之后。

- android:path 用于指定主机名和端口之后的部分，一般为一段网址中跟在域名之后的内容。
- android:mimeType 用于指定可以处理的数据类型，允许使用通配符的方式进行指定。

（2）Category

该属性用于指定当前动作（Action）被执行的环境，通过 addCategory()方法或在清单文件 oidManifest.xml 中设置，默认为 CATRGORY_DEFAULT。

- CATEGORY_DEFAULT：Android 系统中默认的执行方式，按照普通 Activity 的执行方式执行。
- CATEGORY_HOME：设置该组件为 Home Activity。
- CATEGORY_PREFERENCE：设置该组件为 Preference。
- CATEGORY_LAUNCHER：设置该组件为在当前应用程序启动器中优先级最高的 Activity，通常为入口 ACTION_MAIN 配合使用。
- CATEGORY_BROWSABLE：设置该组件可以使用浏览器启动。
- CATEGORY_GADGET：设置该组件可以内嵌到另外的 Activity 中。

（3）Extras

Extras 属性主要用于传递目标组件所需要的额外数据。通过 putExtras()方法设置。

- EXTRA_BCC：存放邮件密送人地址的字符串数组。
- EXTRA_CC：存放邮件抄送人地址的字符串数组。
- EXTRA_EMAIL：存放邮件地址的字符串数组。
- EXTRA_SUBJECT：存放邮件主题字符串。
- EXTRA_TEXT：存放邮件内容。
- EXTRA_KEY_EVENT：以 keyEvent 对象方式存放触发 Intent 的按键。
- EXTRA_PHONE_NUMBER：存放调用 ACTION_CALL 时的电话号码。

（4）Data

Data 通常是 URI 格式定义的操作数据，通过 setData()方法设置，如 tel://。

- tel://：号码数据格式，后跟电话号码。
- mailto://：邮件数据格式，后跟邮件收件人地址。
- smsto://：短信数据格式，后跟短信接收号码。
- content://：内容数据格式，后跟需要读取的内容。
- file://：文件数据格式，后跟文件路径。
- market://search?q = pname:pkgname：市场数据格式，在 Google Market 中搜索名为 pkgname 的应用。
- geo://latitude,longitude：经纬数据格式，在地图上显示经纬度指定的位置。

在 intent-filter 中指定 Data 属性的实际目的是：要求接收的 Intent 中的 Data 必须符合 t-filter 中指定的 Data 属性，达到反向限制 Intent 的作用。

实践操作：在 AndroidManifest.xml 中进行如下设置。

```
<activity android:name=".TestActivity">
    <intent-filter>
        <action android:name="com.example.test"/>
        <data android:scheme="file"/>
    </intent-filter>
</activity>
```

因此启动该 Activity 的 Intent 需要进行如下设置：

```
Intent intent = new Intent();
Uri uri =   Uri.parse("file://com.android.test:520/wan/sd");
intent.setData(uri);
```

Data 属性解析：android:scheme、android:host、android:port、android:path、android:mime

Data 的前 4 个属性构成了 URI 的组成部分，最后一个属性 mimeType 设置了数据的机

Data 元素的 URI 模型为 scheme://host:port/path。

解析：

Scheme→file

host→com.android.example.test

port→520

path→wan/sd

具体隐式意图用法：在配置文件中设置 Action 动作、类别（Category），数据找到合

组件处理意图。

4.3.3　简单按钮切换案例

步骤 1：创建一个 Android 项目，项目名称为 Intent_YinShi，自带一个相对布局的

activity_main.xml 文件。

步骤 2：选中 layout，并右击，在弹出的快捷菜单中选择 New→XML→Layout XML

命令，新建名称为 second_layout，Root Tag 设置为 LinearLayout，单击 Finish 按钮。

步骤 3：在 activity_main.xml 与 second_layout.xml 中添加相关组件，源代码如下。

① activity_main.xml 文件内容。

```xml
<?xml version="1.0" encoding="utf-8"?>
<RelativeLayout
    xmlns:android="http://schemas.android.com/apk/res/android"
    xmlns:tools="http://schemas.android.com/tools"
    android:layout_width="match_parent"
    android:layout_height="match_parent"
    android:gravity="center"
    >
      <Button
        android:id="@+id/first_btn"
        android:layout_width="wrap_content"
        android:layout_height="wrap_content"
        android:text="点我继续!"
        />
</RelativeLayout>
```

② second_layout.xml 文件内容如下。

```xml
<?xml version="1.0" encoding="utf-8"?>
<LinearLayout xmlns:android="http://schemas.android.com/apk/res/android"
    android:layout_width="match_parent"
    android:layout_height="match_parent">
```

```
    <TextView
        android:layout_width="wrap_content"
        android:layout_height="wrap_content"
        android:text="欢迎光临！"
        android:textSize="40dp"/>
</LinearLayout>
```

步骤 4：修改 MainActivity 活动，如实现创建按钮对象、设置监听、实现跳转等，这里使
Intent 隐式跳转的方式。

内容如下：

```
public class MainActivity extends AppCompatActivity {
//创建按钮对象      create button object
private Button startBtn;
@Override
protected void onCreate(Bundle savedInstanceState) {
    super.onCreate(savedInstanceState);
    setContentView(R.layout.activity_main);
//绑定 id      bind id
startBtn =(Button) findViewById(R.id.first_btn);
//设置监听      set monitor
startBtn.setOnClickListener(new View.OnClickListener() {
    @Override
    public void onClick(View v) {
        //实现跳转
        // achieve goto
        //创建 Intent 对象参数 1：启动什么样的 action
        // create Intent object (param1: start what action)
        Intent intent = new Intent("com.first.intent_yinshi.ACTION_ START");
        startActivity(intent);
        }
});
    }
}
```

步骤 5：选中 app→java 下的包名，并右击，在弹出的快捷菜单中选择 New→Activity→Empty
vity 命令，新建 Activity Name 为 SecondActivity，取消选中 Generate Layout File 复选框，单
inish 按钮。

步骤 6：完成 SecondActivity.java 内容，运行后出现"欢迎光临"字样。

```
public class SecondActivity extends AppCompatActivity {
    @Override
    protected void onCreate(Bundle savedInstanceState)
    {
        super.onCreate(savedInstanceState);
        setContentView(R.layout.second_layout);
    }
}
```

步骤 7：修改 Manifest 中 AndroidManifest.xml 文件中 SecondActivity 的启动方式。

```xml
<?xml version="1.0" encoding="utf-8"?>
<manifest xmlns:android="http://schemas.android.com/apk/res/android"
    package="com.first.intent_yinshi">
    <application
        android:allowBackup="true"
        android:icon="@mipmap/ic_launcher"
        android:label="@string/app_name"
        android:supportsRtl="true"
        android:theme="@style/AppTheme">
        <activity android:name=".MainActivity">
            <intent-filter>
                <action android:name="android.intent.action.MAIN"/>
                <category android:name="android.intent.category.LAUNCHER"/>
            </intent-filter>
        </activity>
        <activity android:name=".SecondActivity">
            <!--修改 SecondActivity 的启动方式    alter SecondActivity start mode-
            <intent-filter>
                <!--添加 action 标签，说明此活动只能被这个 action 启动-->
                <!--add action label ,explain activity only start by this action -->
                <action android:name="com.first.intent_yinshi.ACTION_START"/>
                <!-- 添加 category 标签，两个标签同时满足才能启动活动，
category.DEFAULT 为默认 category，因此启动时不需要指定-->
                <!--add category label,only two label satisfy,this activity can start,
category.DEFAULT is default,so not need point out-->
                <category android:name="android.intent.category.DEFAULT"/>
            </intent-filter>
        </activity>
    </application>
</manifest>
```

运行结果如图 4-9 和图 4-10 所示。

图 4-9
MainActivity 界面

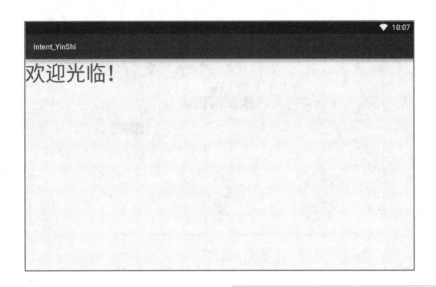

图 4-10
SecondActivity 界面

步骤 8：隐式的 Intent 不仅可以调用自己的 Activity，还可以启动其他程序的 Activity，如
为www.baidu.com，修改如下操作。

① 首先更改 MainActivity.java 文件中 Intent 设置部分。

```
        //创建 Intent 对象参数：启动什么样的 Action，ACTION_VIEW 为系统内部的动作
        // create Intent object (param1: start what action)，ACTION_VIEW is system action Intent
ent = new Intent(Intent.ACTION_VIEW);
        //给 Intent 设置数据，将网址通过 parse 解析然后来设置网址
        //set Intent   data ,put website parsed Uri object
        intent.setData(Uri.parse("http://www.baidu.com"));
        startActivity(intent);
```

② 为精确地指定当前活动相应的数据，在 Menifest 中添加如下数据。

```
        <activity android:name=".SecondActivity">
        <!--修改 SecondActivity 的启动方式    alter SecondActivity start mode-->
            <intent-filter>
                <!--添加 action 标签，说明此活动只能被这个 action 启动-->
                <!--add action label ,explain activity only start by this action -->
                <action android:name="com.first.intent_yinshi.ACTION_START"/>
                <!--添加 category 标签，两个标签同时满足，才能启动活动，但 category.
FAULT 为默认 category，因此启动时不需要指定-->
                <!--add category label,only two label satisfy,this activity can start,but category.
FAULT is default,so not need point out-->
                <category android:name="android.intent.category.DEFAULT"/>
                <!--响应的数据类型为 http    response http data -->
                <data android:scheme="http"/>
            </intent-filter>
        </activity>
```

当点击"点我继续"按钮后，出现如图 4-11 所示的界面。

图 4-11
调用百度界面

微课 4-4
Android 运输大队长
综合案例

4.4　Android 运输大队长综合案例

　　本案例可以打开百度页面、播放 MP3、打开图片、启动给指定号码打电话、发短信、编辑等。此案例详细代码见代码案例 4 综合案例，代码文档作为配套资源提供给读者。这里出主要的步骤代码。

　　此案例生成的 APK 可以真实安装在 Android 手机中运行，点击如图 4-12 所示相关按可实现打开百度页面、播放 SD 中的一首 MP3 歌曲、打开一幅图片、启动给指定号码打电发短信、编辑联系人信息页面等操作。

　　当点击"浏览网页"按钮后，出现如图 4-13 所示的界面，打开百度的网页。

图 4-12
综合案例第一个界面

图 4-13
浏览网页

　　当点击"播放 MP3"按钮后，出现如图 4-14 所示的界面，打开 spring.mp3 的歌曲。
　　当点击"浏览图片"按钮后，出现如图 4-15 所示的界面，打开相应的图片。

图 4-14
播放 MP3

图 4-15
浏览图片

当点击"启动打电话"按钮后，出现如图 4-16 所示的界面，打开拨号界面。

当点击"启动发短信"按钮后，出现如图 4-17 所示的界面，打开发短信界面。

图 4-16
打电话界面

图 4-17
发短信界面

上述都是本综合案例运行的过程，接下来完成该案例代码的编写。

步骤 1：创建一个 Android 项目，项目名称为 Intent_ZongHe，自带一个相对布局的界面 vity_main.xml 文件。

步骤 2：编写 activity_main.xml 文件，选择布局为线性布局，其中有 5 个按钮，效果如 -12 所示。代码请读者自己尝试编写，参考代码在电子资源中可以找到。

步骤 3：在 MainActivity.java 的中声明如下变量并导入相关包。

```
Button bt1;
```

```
Button bt2;
Button bt3;
Button bt4;
Button bt5;
```

步骤 4：在 MainActivity.java 的 onCreate 方法中添加如下获取相关控件的代码。

```
bt1=(Button)findViewById(R.id.button1);
bt2=(Button)findViewById(R.id.button2);
bt3=(Button)findViewById(R.id.button3);
bt4=(Button)findViewById(R.id.button4);
bt5=(Button)findViewById(R.id.button5);
```

步骤 5：在 MainActivity.java 中编写 bt1 的监听器类（用于打开百度页面，为Action 指
数据 Data）。

```java
class bt1Listener implements OnClickListener
  {
    @Override
    public void onClick(View arg0) {
      // TODO Auto-generated method stub
      Uri uri=Uri.parse("http://www.baidu.com");
      Intent intent=new Intent();
      intent.setAction(Intent.ACTION_VIEW);
      intent.setData(uri);
      startActivity(intent);
    }
  }
```

步骤 6：在 MainActivity.java 中编写 bt2 的监听器类（用于播放 SD 卡中的一首 MP3 歌曲

```java
class bt2Listener implements OnClickListener
  {
    @Override
    public void onClick(View arg0) {
      // TODO Auto-generated method stub
    Intent intent=new Intent(Intent.ACTION_VIEW);
    File file=new File("/sdcard/spring.mp3");
    intent.setDataAndType(Uri.fromFile(file), "audio/*");
    startActivity(intent);
    }
  }
```

步骤 7：在 MainActivity.java 中编写 bt3 的监听器类（用于播放 SD 卡中的一幅图片）

```java
class bt3Listener implements OnClickListener
  {
    @Override
    public void onClick(View arg0) {
      // TODO Auto-generated method stub
    Intent intent=new Intent(Intent.ACTION_VIEW);
```

```
      File file=new File("/sdcard/qie.jpg");
      intent.setDataAndType(Uri.fromFile(file), "image/*");
      startActivity(intent);
        }
     }
```

步骤 8：在 MainActivity.java 中编写 bt4 的监听器类（启动给某个号码打电话页面）。

```
     class bt4Listener implements OnClickListener
      {
        @Override
        public void onClick(View arg0) {
          // TODO Auto-generated method stub
          Uri uri=Uri.parse("tel:15098826866");
          Intent intent=new Intent();
          intent.setAction(Intent.ACTION_DIAL);
          intent.setData(uri);
          startActivity(intent);
        }
      }
```

步骤 9：在 MainActivity.java 中编写 bt5 的监听器类（启动给某个号码发短信页面）。

```
     class bt5Listener implements OnClickListener
      {
        @Override
        public void onClick(View arg0) {
          // TODO Auto-generated method stub
          Uri uri = Uri.parse("smsto:15098826866");
          Intent intent = new Intent(Intent.ACTION_SENDTO, uri);
          intent.putExtra("sms_body", "你好！");
          startActivity(intent);
        }
      }
```

案例小结

本案例主要介绍 Intent 的相关知识，包括 Activity 的生命周期、Intent 组件功能、Intent 显隐式之分。通过本案例的学习，读者应当能够成功创建 Activity 并实现跳转和数据传递，理解 Intent 的用途。本案例中应当注意以下几点。

① 显式意图更加安全一些。

② 开启自己应用的界面用显示意图（不需要配置意图过滤器）。

③ 隐式意图一般开启系统应用（如电话拨号器、短信的发送器等）的界面。

案例 **5**

Android 劳模

学习目标

【知识目标】
- ➤ 掌握服务的生命周期。
- ➤ 掌握服务的启动方式。
- ➤ 掌握服务与 Activity 的通信。

【能力目标】
- ➤ 能够通过 Service 完成后台的服务。
- ➤ 能够理解 Service 的生命周期过程。

案例介绍

Service 是应用的后台服务，它用来执行不需与用户交互的、耗时的操作，或者给其他应用提供一些功能，就像默默无闻、任老任怨的劳模一样，如图 5-1 所示。

我是Android里面的劳模，你们虽然看不到我，但是我却承担着大部分数据处理的工作！

图 5-1
Service 劳模

Service 默认运行在用户界面（Activity）所在的主线程中，所以它的执行速度越快越好。如果有耗时较长或者会阻塞的操作，可以在 Service 中创建一个线程去完成它。若 Service 执行时间超过 5 s，系统会抛出"应用程序无响应（ANR）"的对话框。例如，从 Internet 下载文件、控制 Video 播放器等都需要借助 Service 来完成。

5.1 Android 服务

微课 5-1
Service 的相关知识

5.1.1 Android 服务（Service）的基本概念

① Service 是运行在后台的一种代码。

② Service 既不是进程，也不是线程。

③ Service 根据自身的需要，运行自己的进程，也可以运行其他应用的进程。

④ Android 中的服务，与 Activity 不同，它是不能与用户交互的、不能自己启动的、运行在后台的程序。

典型例子：手机上面的音乐播放器，退出播放界面后。还可以在后台运行。

5.1.2 Service 的 3 种服务方式

1. 启动

当应用组件通过调用 startService()启动服务时，服务即处于"启动"状态。一旦启动，服务即可在后台无限期运行，即使启动服务的组件已被销毁也不受影响。已启动的服务通常

一操作，而且不会将结果返回给调用方。

2. 绑定

当应用组件通过调用 bindService()绑定到服务时，服务即处于"绑定"状态。绑定
提供了一个客户端-服务器接口，允许组件与服务进行交互、发送请求、获取结果，
是利用进程间通信（IPC）跨进程执行这些操作。多个组件可以同时绑定服务，服务
在组件与其绑定时运行，一旦该服务与所有组件之间的绑定全部取消，系统便会销
。

3. 启动且绑定

服务既可以是启动服务，也允许绑定。此时需要同时实现以下回调方法：onStartCommand()
nBind()。系统不会在所有客户端都取消绑定时销毁服务。为此，必须通过调用 stopSelf() 或
Service() 显式停止服务。

2 Android 多线程设计

.1 系统中的线程与进程

进程（Process）和线程（Thread）是操作系统的基本概念，但是它们比较抽象，不容易掌
下面是一个很好的类比，可以把它们解释得更加清晰易懂。

计算机的核心是 CPU，它承担了所有的计算任务。它就像一座工厂，时刻在运行，如
2 所示。

假定工厂的电力有限，一次只能供给一个车间使用。也就是说，当一个车间开工的时
其他车间都必须停工。背后的含义就是，单个 CPU 一次只能运行一个任务，如图 5-3
。

微课 5-2
系统中的线程与
进程

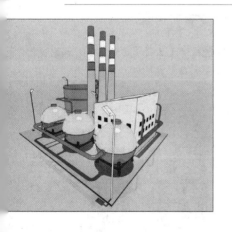

图 5-2
CPU 好比工厂

图 5-3
车间好比一个
任务

进程就好比工厂的车间，它代表 CPU 所能处理的单个任务。任一时刻，CPU 总是运行一
呈，其他进程处于非运行状态，如图 5-4 所示。

一个车间里，可以有很多工人，他们协同完成一个任务，如图 5-5 所示。

图 5-4
进程好比车间

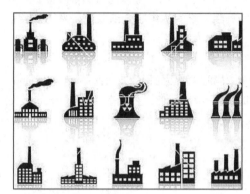

图 5-5
一个车间所有人
共同完成任务

线程就好比车间里的工人，一个进程可以包括多个线程，如图 5-6 所示。

图 5-6
线程好比工人

车间的空间是工人们共享的，就如许多房间是每个工人都可以进出的。这象征一个进程的内存空间是共享的，每个线程都可以使用这些共享内存，如图 5-7 所示。

图 5-7
进程内存空间共享

可是，每间房间的大小不同，有些房间最多只能容纳一个人，如厕所。里面有人的时候，人就不能进去。这代表一个线程使用某些共享内存时，其他线程必须等它结束，才能使用块内存，如图 5-8 所示。

一个防止他人进入的简单方法，就是门口加一把锁。先到的人锁上门，后到的人看到上锁，门口排队，等锁打开再进去，这就叫"互斥锁"（Mutual exclusion，缩写为 Mutex），防止线程同时读写某一块内存区域，如图 5-9 所示。

图 5-8
线程使用共享内存

图 5-9
互斥锁

还有些房间，可以同时容纳 n 个人，如厨房。也就是说，如果人数大于 n，多出来只能在外面等着。这好比某些内存区域，只能供给固定数目的线程使用，如图 5-10。

这时的解决方法就是在门口挂 n 把钥匙。进去的人就取一把钥匙，出来时再把钥匙挂回原后到的人发现钥匙架空了，就知道必须在门口排队等着了，这种做法叫做"信号量"maphore），用来保证多个线程不会互相冲突，如图 5-11 所示。

图 5-10
线程固定内存

图 5-11
排队取锁

不难看出，Mutex 是 Semaphore 的一种特殊情况（$n=1$ 时）。也就是说，完全可以用后者前者。但是，因为 mutex 较为简单，且效率高，所以在必须保证资源独占的情况下，还是这种设计。

操作系统的设计，因此可以归结为以下 3 点。

① 以多进程形式，允许多个任务同时运行。

② 以多线程形式，允许单个任务分成不同的部分运行。

③ 提供协调机制，一方面防止进程之间和线程之间产生冲突，另一方面允许进程之间和之间共享资源。

5.2.2 Android 进程与线程

1. Android 的进程

微课 5-3
Android 的线程与
进程

笔 记

当一个程序第一次启动的时候，Android 会启动一个 Linux 进程和一个主线程。默认情况下，所有该程序的组件都将在该进程和线程中运行。同时，Android 会为每个应用程序一个单独的 Linux 用户。Android 会尽量保留一个正在运行的进程，只在内存资源出现不足，Android 会尝试停止一些进程从而释放足够的资源给其他新的进程使用，也能保证用户正间的当前进程有足够的资源去及时地响应用户的事件。Android 会根据进程中运行的组件以及组件的状态来判断该进程的重要性，Android 会首先停止那些不重要的进程。按照重从高到低一共有以下 5 个级别。

（1）前台进程

前台进程是用户当前正在使用的进程。只有一些前台进程可以在任何时候都存在。它最后一个被结束的，当内存低到根本连它们都不能运行的时候，在这种情况下，设备会进存调度，中止一些前台进程来保持对用户交互的响应。

（2）可见进程

可见进程指部分程序界面能被用户看见，却不在前台与用户交互的进程。例如，在界弹出一个对话框（该对话框是一个新的 Activity），在对话框下方的原界面是可见的，但是与用户进行交互，那么原界面是可见进程。

（3）服务进程

运行着一个通过 startService()方法启动的 Service，这个 Service 不属于上面提到的两高、更重要性的进程。Service 所在的进程虽然对用户不是直接可见的，但是它们执行了用常关注的任务（如播放 MP3、从网络下载数据）。只要前台进程和可见进程有足够的内存统不会回收他们。

（4）后台进程

运行着一个对用户不可见的 Activity（调用过 onStop()方法）。这些进程对用户体验没接的影响，可以在服务进程、可见进程、前台进程需要内存的时候回收。通常，系统中会多不可见进程在运行，它们被保存在 LRU（Least Recently Used）列表中，以便内存不足第一时间回收。如果一个 Activity 正确地执行它的生命周期，关闭这个进程对于用户体验太大的影响。

（5）空进程

未运行任何程序组件。运行这些进程的唯一原因是作为一个缓存，缩短下次程序需要使用的启动时间。系统经常中止这些进程，这样可以调节程序缓存和系统缓存的平衡。

2. Android 的线程

在 Android 程序运行中，线程之间或者线程内部进行信息交互时经常会使用到消息，用户熟悉这些基础的东西及其内部的原理，将会使 Android 的开发变得容易，可以更好地系统。

（1）与消息有关的类

① Message。

消息对象，顾名思义就是记录消息的类。这个类有几个比较重要的字段。

● arg1 和 arg2：可以使用两个字段用来存放用户需要传递的整型值，在 Service 中，存放 Service 的 ID。

- obj：该字段是 Object 类型，可以让该字段传递某个多项到消息的接收者中。
- what：该字段可以说是消息的标志，在消息处理中，可以根据这个字段的不同的值进行不同的处理，类似于在处理 Button 事件时，通过 switch（v.getId()）判断是点击了哪个按钮。

在使用 Message 时，可以通过 new Message()创建一个 Message 实例，但是 Android 更推通过 Message.obtain()或者 Handler.obtainMessage()获取 Message 对象。这并不一定是直接创一个新的实例，而是先从消息池中看有没有可用的 Message 实例，存在则直接取出并返回该。反之如果消息池中没有可用的 Message 实例，则根据给定的参数创建一个新 Message 对通过分析源码可得知，Android 系统默认情况下在消息池中实例化 10 个 Message 对象。

② MessageQueue。

消息队列，用来存放 Message 对象的数据结构，按照"先进先出"的原则存放消息。存放实际意义的保存，而是将 Message 对象以链表的方式串联起来的。MessageQueue 对象不用户自己创建，而是有 Looper 对象对其进行管理，一个线程最多只可以拥有一个ssageQueue。用户可以通过 Looper.myQueue()获取当前线程中的 MessageQueue。

③ Looper。

MessageQueue 的管理者。在一个线程中，如果存在 Looper 对象，则必定存在 MessageQueue，并且只存在一个 Looper 对象和一个 MessageQueue 对象。在 Android 系统中，除了主线程有的 Looper 对象，其他线程默认是没有 Looper 对象。如果想让用户新创建的线程拥有 Looper时，首先应调用 Looper.prepare()方法，然后再调用 Looper.loop()方法。

④ Handler。

消息的处理者。通过 Handler 对象用户可以封装 Message 对象，然后通过 sendMessage(msg)Message 对象添加到 MessageQueue 中；当 MessageQueue 循环到该 Message 时，就会调用该ssage 对象对应的 Handler 对象的 handleMessage()方法对其进行处理。由于是在dleMessage()方法中处理消息，因此应该编写一个类继承自 Handler，然后在 handleMessage()理所需要的操作。下面通过两个图示形象展示 Handler 与 Looper、Message、MessageQueue、ead 的关系，如图 5-12 和图 5-13 所示。

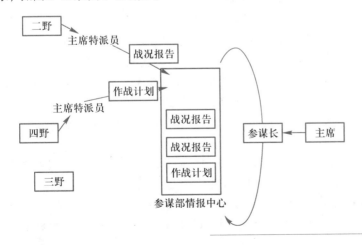

图 5-12 形象比喻

在 Android 操作系统中，Activtiy 所处于的 UI 主线程是非线程安全的，因此系统不允许vtiy 中新启动的工作线程（New Thread）访问 Activity 中的界面控件（如 TextView）。

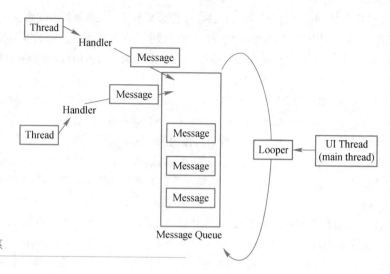

图 5-13
Handler、Message、
Looper、Thread 之间的关系

而事实上新启动的工作线程很多时候需要将其计算结果显示在界面控件中，这就需要一种机制可以将工作线程的处理结果发送给 UI 主线程。因此，Handler 就是为这种机制应运而生，成为 Android 操作系统中线程间通信的工具。Android 在设计的时候，就封装了一套消息的创建、传递、处理机制，如果不遵循这种机制，就没有办法更新 UI 信息，会抛出异常信息。

举例：

线程 A，在这里作为 Handler 的宿主，其不但关联了 Handler，同时也与 Message Queue 和 Looper 具有关联关系，由 Handler 发送至 Message Queue 的 Message 要在这个线程中继续处理（方式是回调 Handler 的 HandleMesage 方法），由 Handler 发送至 Message Queue 的 Runnable 会在这个线程直接运行（runnable.run()）。

线程 B，线程 B 希望向线程 A 传递数据，或者希望有一种方式能使一个动作（可以理解为一段代码）在线程 A 中执行，这种希望会被 Handler 机制所实现，将线程 A 的 Handler 句柄传入线程 B 后，线程 B 就可以通过这个 Handler 向线程 A 发送数据和动作了。

Handler 最重要的特点是一定要和某一个线程（以下称线程 A）的 Looper 关联，Looper 管理着线程 A 的消息队列（Android 系统中每个线程都可以关联一个消息队列，Handler 也与线程 A 和线程 A 的消息队列具有关联关系），当 Looper 启动后，Handler 就可以把数据（以 Message 作为载体）或动作（以 Runnable 作为载体）发送到线程 A 的消息队列中，同时 Looper 在线程 A 的消息队列里循环取出消息，如果是 Runnable 类型，就立即调用其 run 方法，如果是 Message 类型，就需要调用 Handler 的 handleMessage 方法处理该 Message，数据和动作的所有的处理都是在线程 A 中完成的。

Handler 的句柄可以被放到任何线程中，而且无论在哪一个线程发送数据和动作，最终会到达 Handler 所在的线程 A 的消息队列。

正因为 Handler 的这种机制，如若把 UI 主线程的 Looper 与其关联后，Handler 的句柄传入其他任意子线程，那（些）个线程就可以将数据和动作发送给 UI 主线程了。

（2）实现多线程的方法

① 直接继承 Thread 类。

```
class MyThread extends Thread{
    @Override
    public void run() { Log.e("动作","线程中处理的代码");}
}
```

启动线程方法：

```
MyThread thread=new MyThread();
thread.start();
```

② 实现 Runable 接口，主要是为了避免 Java 中单继承的限制。

```
class MyRunnable implements Runnable {
    @Override
    public void run() { Log.e("动作","线程中处理的代码");  }
}
```

启动线程方法：

```
MyRunnable runnable = new MyRunnable();
new Thread(runnable ).start();
```

（3）Java 线程生命周期

MyThread thread=new MyThread()。生命周期如图 5-14 所示。

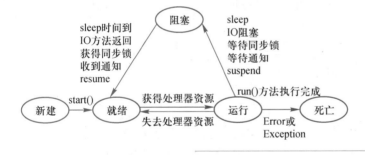

图 5-14
Android 线程生命周期

.3 Android 线程案例

以下是卡通人物跳舞的动画案例，最终实现效果如图 5-15 和图 5-16 所示。

微课 5-4
Android 线程案例—
鸟叔跳舞

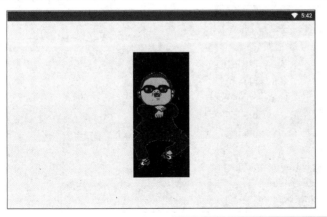

图 5-15
跳舞动画 1

图 5-16
跳舞动画 2

步骤 1：新建一个 Android 工程，命名为 Handler Test。

步骤 2：在 layout 下添加一个使用线性布局的布局文件 main.xml，添加一个 ImageView 件，用来放置图片。

```xml
<?xml version="1.0" encoding="utf-8"?>
<LinearLayout xmlns:android="http://schemas.android.com/apk/res/android"
    android:orientation="vertical"
    android:layout_width="fill_parent"
    android:layout_height="fill_parent"
    >
<!-- 定义一个 ImageView 组件 -->
<ImageView
    android:id="@+id/show"
    android:layout_width="fill_parent"
    android:layout_height="fill_parent"
    android:scaleType="center"
    />
</LinearLayout>
```

步骤 3：在 MainActivity.java 下声明周期性显示的图片数组、定义 Handle 来动态修改示的图片，定义计时器，让计时器周期性地执行指定跳舞的任务，整体代码如下。

```java
public class MainActivity extends Activity
{
    //定义周期性显示的图片的 ID
    int[] imageIds = new int[]
    {
        R.drawable.jn1,
        R.drawable.jn2,
        R.drawable.jn3,
        R.drawable.jn4,
        R.drawable.logo_img
    };
    int currentImageId = 0;
    @Override
    public void onCreate(Bundle savedInstanceState)
```

```
{
        super.onCreate(savedInstanceState);
        setContentView(R.layout.main);
        final ImageView show = (ImageView)findViewById(R.id.show);
        final Handler myHandler = new Handler()
        {
                @Override
                public void handleMessage(Message msg)
                {
                        //如果该消息是本程序所发送的
                        if (msg.what == 0x1222)
                        {
                                //动态地修改所显示的图片
                                show.setImageResource(imageIds[currentImageId++]);
                                if (currentImageId >= 4)
                                {
                                        currentImageId = 0;
                                }
                        }
                }
        };
                //定义一个计时器，让该计时器周期性地执行指定任务
        new Timer().schedule(new TimerTask()
        {
                @Override
                public void run()
                {

                        //新启动的线程无法访问该 Activity 里的组件
                        //所以需要通过 Handler 发送信息
                        Message msg = new Message();
                        msg.what = 0x1222;
                        //发送消息
                        myHandler.sendMessage(msg);
                }
        }, 0 , 100);
        }
}
```

3 Android 服务的生命周期

3.1 服务的生命周期

Service 与 Activity 一样，也有一个从启动到销毁的过程，但 Service 的这个过程比 Activity
得多。Service 启动到销毁的过程只会经历如下创建 Service、启动 Service 和停止 Service

微课 5-5
Android 服务的生命
周期

3 个阶段。

当 Service 经历上面 3 个阶段后，会分别调用 Service 类中的 3 个事件方法进行交互，[
方法如下：

```
public void onCreate();                              //创建 Service 时调用
public void onStart(Intent intent, int startId);    //开始 Service 时调用
public void onDestroy();                             //销毁 Service 时调用
```

一个服务只会创建一次，销毁一次，但可以开始多次。因此，onCreate()和 onDestroy
法只会被调用一次，而 onStart()方法会被调用多次。

使用 startService()方法和 bindService()方法启动 Service，其生命周期过程如图 5
所示。

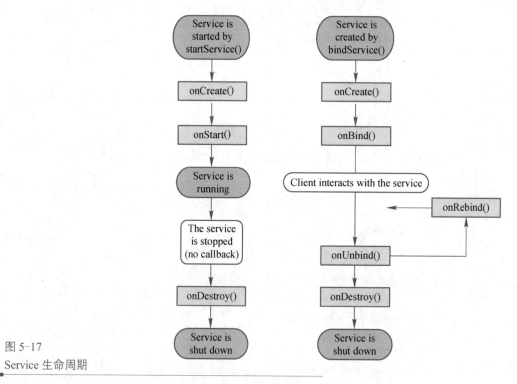

图 5-17
Service 生命周期

5.3.2　服务包含的主要属性

Service 主要属性具体见表 5-1。

表 5-1　Service 主要属性

属　　性	说　　明
description	对服务进行描述，属性值应为对字符串资源的引用，以便进行本地化
directBootAware	设置是否可以在用户解锁设备之前运行，默认值为 false
enabled	设置是否可以由系统来实例化服务。< application >元素有自己的 enabled 属性，用于包括服务在内的所有应用程序组件。要启用服务，< application >和< service 性必须都为 true（默认情况下都为 true）。如果其中一个是 false，则服务被禁用

续表

属　性	说　明
exported	设置其他应用程序的组件是否可以调用本服务或与其交互，如果可以，则为 true。当值为 false 时，只有同一个应用程序或具有相同用户 ID 的应用程序的组件可以启动该服务或绑定到该服务。该属性的默认值取决于服务是否包含 Intent filters。没有任何过滤器意味着它只能通过指定其确切的类名来调用，这意味着该服务仅用于应用程序内部使用（因为其他人不知道类名）。所以在这种情况下，默认值为 false。另一方面，如果存在至少一个过滤器，意味着该服务打算供外部使用，因此默认值为 true
icon	服务的图标，属性值应是对 drawable 资源的引用。如果未设置，则将使用应用程序图标
isolatedProcess	设置该服务是否作为一个单独的进程运行，如果设置为 true，此服务将在与系统其余部分隔离的特殊进程下运行，并且没有自己的权限，与它唯一的通信是通过服务 API（绑定和启动）
label	可以向用户显示服务的名称，属性值应是对字符串资源的引用
name	服务类的完全限定名
permission	设定组件必须具有的权限，得以启动服务或绑定服务。如果 startService()、bindService() 或 stopService() 的调用者没有被授予此权限，则该方法将不会工作，并且 Intent 对象不会传递到服务中
process	用来运行服务的进程的名称。通常，应用程序的所有组件都运行在应用程序创建的默认进程中，它与应用程序包名具有相同的名称。< application > 元素的 process 属性可以为所有组件设置不同的默认值，但组件可以使用自己的进程属性覆盖默认值，从而允许跨多个进程扩展应用程序

3.3　Android 服务生命周期案例

步骤 1：创建一个 Android 项目，项目名称为 Service_1，包名为 com.example.life。

步骤 2：选中 layout，并右击，在弹出的快捷菜单中选择 New→XML→Layout XML 命令，新建界面名称为 service_layout，Root Tag 设置为 LinearLayout，单击 Finish 且。

步骤 3：在 service_layout.xml 中添加相关组件，源代码如下。

```
<?xml version="1.0" encoding="utf-8"?>
<LinearLayout xmlns:android="http://schemas.android.com/apk/res/android"
    android:orientation="horizontal"
    android:layout_width="fill_parent"
    android:layout_height="fill_parent"
    android:gravity="center_horizontal"
    >
<Button
        android:id="@+id/start"
        android:layout_width="wrap_content"
        android:layout_height="wrap_content"
        android:text="启动 Service"
        />
<Button
```

```
                    android:id="@+id/stop"
                    android:layout_width="wrap_content"
                    android:layout_height="wrap_content"
                    android:text="关闭 Service"
                    />
            </LinearLayout>
```

步骤 4：在 MainActivity.java 中修改如下代码。

```
public class MainActivity extends Activity
{
    Button start , stop;
    @Override
    public void onCreate(Bundle savedInstanceState)
    {
        super.onCreate(savedInstanceState);
        setContentView(R.layout.service_layout);
        start = (Button) findViewById(R.id.start);
        stop = (Button) findViewById(R.id.stop);
        start.setOnClickListener(new listener1());
        stop.setOnClickListener(new listener2());
    }
    class listener1 implements OnClickListener
    {
        @Override
        public void onClick(View v) {
            // TODO Auto-generated method stub
            Intent intent = new Intent();
            intent.setAction("com.example.life.FIRST_SERVICE");
            intent.setPackage("com.example.life");
            stopService(intent);
        }
    }
    class listener2 implements OnClickListener
    {
        @Override
        public void onClick(View v) {
            // TODO Auto-generated method stub
            Intent intent1 = new Intent();
            intent1.setAction("com.example.life.FIRST_SERVICE");
            intent1.setPackage("com.example.life");
            startService(intent1);
        }
    }
}
```

步骤 5：选中 app→java 下的包名，并右击，在弹出的快捷菜单中选择 New→Service→Se

，新建 Class Name 为 FirstService，其余默认，单击 Finish 按钮。

步骤 6：在 FirstService.java 中修改如下代码。

```java
public class FirstService extends Service
{
    @Override
    public IBinder onBind(Intent arg0)
    { return null; }
    public void onCreate()
    { super.onCreate();
        Toast.makeText(FirstService.this,"Service is Created",Toast.LENGTH_SHORT).show();
    }
    public int onStartCommand(Intent intent, int flags, int startId)
    { Toast.makeText(FirstService.this,"Service is Start",Toast.LENGTH_SHORT).show();
        return START_STICKY;
    }
    @Override
    public void onDestroy()
    { super.onDestroy();
        Toast.makeText(FirstService.this,"Service is Destroyed",Toast.LENGTH_LONG).show();
    }}
```

步骤 7：修改 AndroidManifest.xml 的 Service 模块。在<intent-filter>中加入一行：<action
oid:name="com.example.life.FIRST_SERVICE">。

步骤 8：点击运行程序，显示效果如图 5-18 所示。

点击"启动 Service"按钮，运行效果如图 5-19 所示。

点击"关闭 Service"按钮，运行效果如图 5-20 所示。

图 5-18
Service 案例运行
效果 1

图 5-19
Service 案例运行
效果 2

图 5-20
Service 案例运行
效果 3

微课 5-6
Android 劳模综合
案例

5.4 Android 劳模综合案例

Android 劳模综合案例之音乐播放器的最终生成效果如图 5-21 所示。本案例详细代代码案例 5 综合案例，代码文档作为配资源提供给读者。这里仅列出其主要的步骤代码。

图 5-21
Android 服务综合
案例音乐界面

步骤 1：新建一个 Android 工程，命名为 Player。

步骤 2：在 layout 下添加一个使用线性布局的布局文件 main.xml，添加 EditText 控件输入歌曲名称、添加"运行"与"暂停"两个 Button 按钮，代码试着自行编写，非常简单考代码在提供的配套资源中。

步骤 3：创建 Service 类，名称为 MusicService，该类用于实现音乐的播放和暂停功能中涉及的方法功能如下。

- play(String path)：播放音乐。
- pause()：暂停播放。
- setAudioStreamType()：指定音频文件的类型，必须在 prepare()方法之前调用。
- prepare()：准备播放，调用此方法会使 MediaPlayer 进入准备状态。
- start()：开始或继续播放音频。
- seekTo()：从指定的位置开始播放音频。
- release()：释放掉与 MediaPlayer 对象相关的资源。
- isPlaying()：判断当前 MediaPlayer 是否正在播放音频。
- getCurrentPosition()：获取当前播放音频文件的位置。

具体编写语句内容如下：

```java
public class MusicService extends Service {
    private static final String TAG="MusicService";
    public MediaPlayer mediaPlayer;
    class MyBinder extends Binder {
        //播放音乐
        public void play(String path){
            try {
                if(mediaPlayer==null)
```

```
                    {
                        //创建一个 MediaPlay 播放器
                        mediaPlayer=new MediaPlayer();
                    //指定参数为音频文件
                        mediaPlayer.setAudioStreamType(AudioManager.STREAM_MUSIC);
                    //指定播放的路径
                        mediaPlayer.setDataSource(path);
                    //准备播放
                        mediaPlayer.prepare();
                        mediaPlayer.setOnPreparedListener(new
                            MediaPlayer.OnPreparedListener() {
                            public void onPrepared(MediaPlayer mp) {
                                // 开始播放
                                    mediaPlayer.start();
                                                    }
                                                });
                    }else {
                        int position=getCurrentProgress();
                        mediaPlayer.seekTo(position);
                        try {
                            mediaPlayer.prepare();
                        } catch (Exception e) {
                            e.printStackTrace();
                        }
                        mediaPlayer.start();
                    }
                } catch (IOException e) {
                    e.printStackTrace();
                }
            }
    // 暂停播放
    public void pause() {
        if (mediaPlayer != null && mediaPlayer.isPlaying()) {
            mediaPlayer.pause(); // 暂停播放
        } else if (mediaPlayer != null && (!mediaPlayer.isPlaying())) {
            mediaPlayer.start();
        }
    }
}
    public void onCreate() {
        super.onCreate();
    }
    // 获取当前进度
    public int getCurrentProgress() {
        if (mediaPlayer != null & mediaPlayer.isPlaying()) {
            return mediaPlayer.getCurrentPosition();
        } else if (mediaPlayer != null & (!mediaPlayer.isPlaying())) {
            return mediaPlayer.getCurrentPosition();
```

```
            }
            return 0;
        }
        public void onDestroy() {
            if (mediaPlayer != null) {
                mediaPlayer.stop();
                mediaPlayer.release();
                mediaPlayer = null;
            }
            super.onDestroy();
        }
        @Nullable
        @Override
        public IBinder onBind(Intent intent) {
            return new MyBinder();
        }
    }
```

步骤 4：在 MainActivity 中实现"播放"按钮、"暂停"按钮的点击事件，在此文件的基础上，加入相关的按钮点击事件。代码主要内容如下。

```
public class MainActivity extends AppCompatActivity {
    Button play,pause;
    EditText path;
    private Intent intent;
    private myConn conn;
    MusicService.MyBinder binder;
    @Override
    protected void onCreate(Bundle savedInstanceState) {
        super.onCreate(savedInstanceState);
        setContentView(R.layout.main);
        play=(Button)findViewById(R.id.play);
        pause=(Button)findViewById(R.id.pause);
        path=(EditText)findViewById(R.id.path);
        conn = new myConn();
        Intent intent=new Intent();
        intent.setClass(this,MusicService.class);
        bindService(intent,conn, BIND_AUTO_CREATE);
        play.setOnClickListener(new play());
        pause.setOnClickListener(new pause());
    }
    private class myConn implements ServiceConnection {
        public void onServiceConnected(ComponentName name, IBinder service) {
            binder = (MusicService.MyBinder) service;
        }
        public void onServiceDisconnected(ComponentName name) {
        }
    }
```

```
class play implements View.OnClickListener{
    @Override
    public void onClick(View v) {
        String pathway = path.getText().toString().trim();
        File SDpath = Environment.getExternalStorageDirectory();
        File file = new File(SDpath, pathway);
        String path1 = file.getAbsolutePath();
        if (file.exists() && file.length() > 0) {
            binder.play (path1);
        } else {
            Toast.makeText(MainActivity.this, "找不到音乐文件", Toast. LENGTH_
SHORT).show();
        }
    }
}
class pause implements View.OnClickListener {
    @Override
    public void onClick(View v) {
        binder.pause();
    }
}
}
```

步骤 5：设置 AndroidManifest.xml 文件，添加服务，添加读取外部存储的权限，内容如下。

```
<?xml version="1.0" encoding="utf-8"?>
<manifest xmlns:android="http://schemas.android.com/apk/res/android"
        package="com.first.player">
<application
    android:allowBackup="true"
    android:icon="@drawable/a"
    android:label="@string/app_name"
    android:supportsRtl="true"
    android:theme="@style/AppTheme">
    <activity android:name=".MainActivity">
        <intent-filter>
            <action android:name="android.intent.action.MAIN"/>
            <category android:name="android.intent.category.LAUNCHER"/>
        </intent-filter>
    </activity>
    <service
        android:name=".MusicService"
        android:enabled="true"
        android:exported="true" >
    </service>
</application>
```

<uses-permission android:name="android.permission.READ_EXTERNAL_ STORAGE
　　　　</uses-permission>
　　　　　　</manifest>

步骤 6：将程序中会用到的图片复制至 drawable 中。

步骤 7：使用 adb 命令将音频文件导入到 MuMu 模拟器的 sdcard 目录中，如图 5-22 所

图 5-22
音乐文件导入

步骤 8：运行程序，就会在模拟器中听到悦耳的音乐。至此，音乐播放程序完成。

 案例小结

　　本案例简单讲解了 Android 中 Service 的生命周期和服务方式以及属性的使用，从简
案例中，懂得如何创建、启动、绑定、停止 Service 的相关操作，到最后的大案例让读者
入深地理解了服务的相关操作。在这个过程中，以形象的比喻理解了 Handle 与进程、线
关系及使用。

笔 记

案例 6

Android 集装箱

学习目标

【知识目标】

➢ 掌握 Android 中 SharedPreferences 存储和读取数据方法。

➢ 掌握 Android 中输入/输出流进入数据存储的方法。

➢ 掌握 Android 中对 SD 卡文件进行读写的方法。

➢ 掌握 Android 中 SQLite 数据库的增加、删除、修改、查询的使用方法。

【能力目标】

➢ 能够使用 SharedPreferences 完成数据存储。

➢ 能够通过 FileInputStream、FileOutputStream 输入/输出进行应用程序数据文件夹里的文件读写。

➢ 能够通过 Android 读写 SD 卡上文件的内容。

➢ 能够通过 SQLite 数据库进行数据的处理。

案例介绍

Android 集装箱就是 Android 数据存储，人工智能及大数据时代也是海量数据的时代，[那]么 Android 程序开发也不例外，也会涉及海量数据，该如何存储呢？本案例，通过用户配[置信]息存储、应用程序夹里信息存储、SD 卡文件信息存储、SQLite 数据库存储及 Andrid 集装[箱综]合案例 5 个方面进行 Android 数据存储操作。

6.1 配置信息存储

6.1.1 SharedPreferences 简介

SharedPreferences 是 Android 中存储简单数据的一个工具类。可以想象，它是一个小[的]Cookie，通过用键值对的方式把简单数据类型（boolean、int、float、long 和 String）存储[在应]用程序的私有目录下（data/data/包名/shared_prefs/）自己定义的 XML 文件中。

SharedPreferences 在应用中通常做一些简单数据的持久化缓存。SharedPreferences 作[为一]个轻量级存储，限制了它的使用场景，如果对它使用不当将会带来严重的后果。

6.1.2 SharedPreferences 的主要特点

SharedPreferences 有以下几个主要特点。
① 只支持 Java 基本数据类型，不支持自定义数据类型。
② 应用内数据共享。
③ 使用简单。

6.1.3 获取 SharedPreferences 的两种方式及之间的区别

（1）两种方式
① 调用 Context 对象的 getSharedPreferences()方法。
② 调用 Activity 对象的 getPreferences()方法。

（2）两种方式的区别
调用 Context 对象的 getSharedPreferences()方法获得的 SharedPreferences 对象可以被[该]应用程序下的其他组件共享。

调用 Activity 对象的 getPreferences()方法获得的 SharedPreferences 对象只能在该 Ac[tivity]中使用。

本案例中主要使用调用 Context 对象的 getSharedPreferences()方法。

6.1.4 SharedPreferences 的 4 种操作模式

（1）Context.MODE_PRIVATE
为默认操作模式，代表该文件是私有数据，只能被应用本身访问，在该模式下，写入[的]

会覆盖原文件的内容。

（2）Context.MODE_APPEND

模式会检查文件是否存在，存在就往文件追加内容，否则就创建新文件。

（3）MODE_WORLD_READABLE

表示当前文件可以被其他应用读取。

（4）MODE_WORLD_WRITEABLE

表示当前文件可以被其他应用写入。

其中，Context.MODE_WORLD_READABLE 和 Context.MODE_WORLD_WRITEABLE 用来控制其他应用是否有权限读写该文件。

1.5 使用 SharedPreferences 读写数据

（1）读数据

SharedPrefererences 接口主要负责读取应用程序的 preferences 数据，它提供了如下常用方法访问（读取）SharedPrefererences 中的 key-value 对。

① boolean contains(String key)：判断是否包含特定 key 的数据。

② Abstrace Map<String,?> getAll()：获取全部的 key-value 对数据。

③ boolean getXxx(String key,xxx defValue)：获取指定 key 对应的 value 数据。如果不存在，返回默认值 defValue。其中，xxx 表示各种数据类型。

（2）写数据

SharedPrefererences 接口本身并没有提供写入数据的能力，而是通过 Editor 的对象进行数据写入，调用 edit()方法即可获取它所对应的 Editor 对象。Editor 提供了如下方法写入数据。

① clear()：清空所有的数据。

② putXxx(String key,xxx value)：存入指定 key 对应的数据。

③ remove(String key)：删除指定 key 对应的数据项。

④ commit()或 apply()：当 Editor 编辑完成后，调用这两种方法都可提交修改。

这两种提交方法的区别如下：

● commit()返回 boolean 值验证是否提交成功；apply()第 2 种没有返回值。

● commit()同步提交硬盘，容易造成线程堵塞；apply()先提交到内存，然后异步提交到磁盘。

1.6 Android 配置信息存储案例

实现 Android 的 SharedPreferences 数据的存储与读取。

第 1 步：在 Android 的 IDE 环境中，创建 SharedPreferences 数据存储与读取的 Android 工程，输入相应的用户名与密码，运行效果如图 6-1 所示，等待存储、读取用户信息。

第 2 步：点击存储用户信息后，数据被保存到手机内存中同时在 EditText 清空所有内容，显示出消息框，提示内容为"存储成功"，如图 6-2 所示。

第 3 步：当点击"读取用户信息"按钮时，信息又显示在用户名和密码后面的 EditText 中，显示出消息框，提示内容为"读取成功"，如图 6-3 所示。

图 6-1
SharePreference
工程启动界面

笔 记

图 6-2
存储用户信息

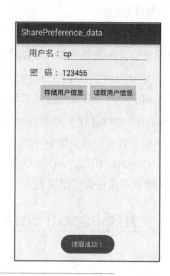

图 6-2
存储用户信息

图 6-3
数据读取界面

具体实现如下。

步骤 1：打开 Android Studio 的开发环境，新建 Android Project，命名为 SharePreference_

步骤 2：将 app\res\layout 下生成的 activity_main.xml 文件按照任务概述中的要求进行设
通过分析，最终界面设计使用线性布局嵌套形式，最外面线性布局排列方向设置为垂直，
嵌套的线性布局全部使用水平的排列方向。具体界面代码由读者根据图 6-1 自行编写（参
码在配套资源中）。

步骤 3：在 onCreate()方法上面声明如下变量。

```
SharedPreferences preferences;
SharedPreferences.Editor editor;
Button read, write;
EditText username, password;
```

步骤 4：将 Activity 与 xml 可视化文件关联。

```
setContentView(R.layout.activity_main);
```

步骤 5：获取只能被本应用程序读、写的 SharedPreferences 对象。

```
preferences = getSharedPreferences("sict", Context.MODE_APPEND);
editor = preferences.edit();
```

步骤 6：在 onCreate 方法中获取布局文件中的两个按钮和输入框。

```
read = (Button) findViewById(R.id.read);
write = (Button) findViewById(R.id.write);
username = (EditText) findViewById(R.id.user);
password = (EditText) findViewById(R.id.pass);
```

步骤 7：用匿名内部类的方式实现两个按钮的监听工作。

① read 按钮的监听。

```
read.setOnClickListener(new View.OnClickListener() {
    @Override
```

```
        public void onClick(View arg0) {
            //读取字符串数据
            String users = preferences.getString("username", null);
            String passs = preferences.getString("password", null);
                username.setText(users);
                password.setText(passs);
            Toast.makeText(MainActivity.this, "读取成功！", Toast.LENGTH_LONG).show();
        }
    });
```

② write 按钮的监听。

```
write.setOnClickListener(new View.OnClickListener() {
    @Override
    public void onClick(View arg0) {
        String u_name = username.getText().toString();
        String u_pass = password.getText().toString();
        editor.putString("username", u_name);
        editor.putString("password", u_pass);
        // 提交所有存入的数据
        editor.commit();
        Toast.makeText(MainActivity.this, "存储成功！", Toast.LENGTH_LONG).show();
        username.setText(null);
        password.setText(null);
    }
});
```

步骤 8：将计算机中防火墙和杀毒软件全部停止，运行程序。

步骤 9：进入应用程序的私有目录 data/data/包名/shared_prefs/下，打开此程序生成的文件 xml，查看里面的内容是不是运行时输入的用户名与密码。

2 应用程序文件夹信息存储

.1 File 实现数据读取

微课 6-2
应用程序文件夹
信息存储

Java 提供了一套完整的输入输出流，包括 FileInputStream、FileOutputStream 等，通过它 以非常方便地读写硬盘、网络等上的内容。Android 同样支持以这种方式来访问手机存储 的文件。

（1）输入流 FileInputStream

作用：以文件作为数据输入源的数据流，从文件读数据到内存。

语法：FileInputStream openFileInput(String name)

openFileInput(String name)方法的作用：打开应用程序私有目录下的指定私有文件以读入 ，返回一个文件输入流，用于对文件做读取操作。

（2）输出流 FileOutputStream

作用：用来处理以文件作为数据输出目的数据流，从内存区读数据到文件。

语法：FileOutputStream openFileOutput(String name,int mode)

openFileOutput(String name,int mode)方法的作用：可以方便地在手机中创建文件，并返回文件输出流，用于对文件做写入操作。

openFileOutput()方法的第 1 个参数用于指定文件名称，不能包含路径分隔符"/"，如果文件不存在，Android 会自动创建它。

openFileOutput()方法的第 2 个参数 mode 参数和上面的 SharedPreferences 所涉及的 4 种方式一样，这里不再赘述。

6.2.2 访问应用程序的数据文件夹的其他方法

① getDir(String name,int mode)：在应用程序的数据文件夹下获取或创建 name 对应的子目录。

② File getFilesDir()：获取该应用程序的数据文件夹的绝对路径。

③ String[] fileList()：返回该应用程序的数据文件夹下的全部文件。

④ deleteFile(String name)：删除该应用程序的数据文件夹下的指定文件。

应用程序的数据文件默认保存在/data/data/<package name>/files 目录下。

6.2.3 Android 应用程序文件夹信息存储案例

实现 Android 文件的存储与读取。

第 1 步：在 Android 的 IDE 环境中，创建文件读取与存储工程，当点击"写入文件中"按钮时，将信息写入到磁盘中，并显示消息框内容为"写入成功"，效果如图 6-4 所示。

第 2 步：点击"读文件内容"按钮，就会将写入文件中的内容显示出来，如图 6-5 所示。

图 6-4
写文件

图 6-5
读文件内容

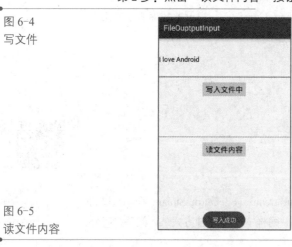

案例实现步骤如下。

步骤 1：打开 Android Studio 的开发环境，新建 Android Project，命名为 FileOuptputInput。

步骤 2：在 layout 下添加一个使用线性布局技术的布局文件 activity_main.xml，两个文本框的 id 分别为 edit1 和 edit2，两个按钮的 id 分别为 read 和 write。布局文件代码读者自行编写（参考代码请见电子资源）。

步骤 3：打开 MainActivity.java 文件，在 OnCreate()方法上面声明一个字符串变量 fileName。

应用程序文件夹下的文件名。

```
String fileName="file.txt";
```

步骤 4：将 Activity 与 xml 可视化文件关联。

```
setContentView(R.layout.activity_main);
```

步骤 5：在 onCreate 方法中声明并获取布局文件中的两个按钮。

```
Button bt1=(Button)findViewById(R.id.write);
Button bt2=(Button)findViewById(R.id.read);
```

步骤 6：在 onCreate()方法中为两个按钮绑定监听器。

```
bt1.setOnClickListener(new listener1());
bt2.setOnClickListener(new listener2());
```

步骤 7：用内部类的方式，分别编写"写入文件中"和"读取文件内容"按钮的监听器类。

① 写入监听器类。

```
class listener1 implements View.OnClickListener
{
    @Override
    public void onClick(View v) {
        // TODO Auto-generated method stub
        try {
            FileOutputStream fo=openFileOutput(fileName,MODE_APPEND);
            EditText et=(EditText)findViewById(R.id.edit1);
            String content=et.getText().toString();
            byte[] b=content.getBytes();
            fo.write(b);
            fo.flush();
            Toast.makeText(MainActivity.this, "写入成功", Toast.LENGTH_LONG).show();
        } catch (FileNotFoundException e) {
            // TODO Auto-generated catch block
            e.printStackTrace();
        } catch (IOException e) {
            // TODO Auto-generated catch block
            e.printStackTrace();
        }
    }
}
```

② 读取监听器类。

```
class listener2 implements View.OnClickListener
    {
        @Override
        public void onClick(View v) {
            // TODO Auto-generated method stub
            try {
                FileInputStream fi=openFileInput(fileName);
```

```
                                        byte[] b=new byte[100];
                                        fi.read(b);
                                        String str=new String(b);
                                        EditText et=(EditText)findViewById(R.id.edit2);
                                        et.setText(str);
                                        Toast.makeText(MainActivity.this, "读取成功", Toast.LENGTH_LONG).sho
                               } catch (FileNotFoundException e) {
                                        // TODO Auto-generated catch block
                                        e.printStackTrace();
                               } catch (IOException e) {
                                        // TODO Auto-generated catch block
                                        e.printStackTrace();
                               }
                       }
               }
```

步骤 8：将计算机中防火墙和杀毒软件全部停止，运行程序。

步骤 9：进入应用程序的私有目录 data/data/包名/files/下，打开此程序生成的文件 file
查看里面的内容是不是运行时输入的内容。

6.3 SD 卡文件信息存储

微课 6–3
SD 卡文件信息
存储

6.3.1 相关术语

内部存储：指/data 分区。

外部存储：指/sdcard 分区。

合并存储：指/sdcard 实际上指向/data 分区的一个目录，两者在物理上共享存储空间

SD 卡：指物理可移除的那个小存储卡片。

6.3.2 Android 对 SD 卡的支持

Android 2.1 及之前的版本，不支持合并存储，SD 卡作为外部存储，应用只能安装到内部

Android 2.2 起，不支持合并存储，SD 卡作为外部存储，考虑到一些机型的内部存储
小，所以增加了安装/移动应用到外部存储的功能。

Android 3.0 起，支持并推荐使用合并存储方案。不采用合并存储方案的机型，仍然可以
之前版本的方案。对于采用了合并存储方案的机型，安装一个应用到外部存储等同于安装它到
存储（所以界面上就没有"移动到外部存储/内部存储"选项了），手机仍然可以配备 SD 卡，
卡对于第三方应用来说是只读的，仅媒体文件可以通过 MediaProvider 暴露给用户和应用读取

Android 4.4 起，采用合并存储方案的机型，可以配备 SD 卡，第三方应用程序可以通
开的 API 读写自己在 SD 卡上的私有数据区（类似于/data/data/[package name]或/sdcard/And
data/[package name]的私有数据区），也可以通过公开的 API 读取 SD 上的其他文件。

可以看出 Android 对 SD 卡的支持是在逐步加强的，而产生"Android 4.4 限制 SD 卡
个误解的根源是在 Android 4.4 之前有很多手机厂商为了同时支持外部存储和 SD 卡改写了

忧，赋予了第三方应用完全读写 SD 卡的权限，到 Android 4.4 时，这些厂商又不得不遵守谷歌公司的要求关闭了这个权限。

需要说明的是，在 Android 4.4 里，系统应用（指有 platform 签名，或预装在/system/priv-app 目录下的应用）可以通过使用 WRITE_MEDIA_STORAGE 权限获取完全读写 SD 卡的权限。

为了保证读写 SD 卡的遗留应用（Legacy Applications）能正常工作，有些厂商会无视安卓 4.4 的原始设计，通过修改分组策略在 Android 4.4 上也赋予使用 WRITE_EXTERNAL_STORAGE 权限的程序完全读写 SD 卡的权限。

6.3.3 读写 SD 卡的主要操作步骤

通过 openFileInput 或 openFileOutput 打开的都是应用程序的数据文件夹里的文件，因为手机内置的存储空间是有限的，所以这种存储方式不能存储较大文件。为了更好地存、取应用程序的文件数据，应用程序需要读、写 SD 卡上的文件。SD 卡大大扩充手机的存储能力。

（1）读、写 SD 卡上的文件步骤

① 调用 Environment 的 getExternalStorageState()方法判断手机上是否插入了 SD，并且应用程序具有读写 SD 卡的权限。代码如下：

> Environment.getExternalStorageState().equals(Environment.MEDIA_MOUNTED)

② 调用 Environment 的 getExternalStorageDirectory()方法来获取外部存储器，也就是 SD 卡的目录。

③ 使用 FileInputStream、FileOutputStream、FileReader、FileWriter 等读写 SD 卡中的文件。

（2）在 AdnroidManifest.xml 中添加读、写 SD 卡的权限

① 在 SDCard 中创建于删除文件的权限。

> <uses-permission android:name="android.permission.MOUNT_UNMOUNT_FILESYSTEMS"/>

② 往 SDCard 中写入数据的权限。

> <uses-permission android:name="android.permission.WRITE_EXTERNAL_STORAGE"/>

6.3.4 SD 卡文件信息存储案例

实现将学习日志保存到 SD 卡上。

第 1 步：在 Android 的 IDE 环境中，创建 SD 卡读写的工程，界面如图 6-6 所示。

第 2 步：当输入学习内容，点击"保存学习日志"按钮后，输入框被清空，内容被保存到 SD 卡中指定路径的文件中，并显示保存路径的对话框，如图 6-7 和图 6-8 所示。

图 6-6
SD 卡读写界面

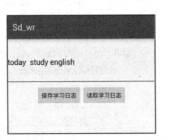

图 6-7
输入内容界面

第 3 步：点击"读取学习日志"按钮后，将保存的文件内容显示出来，如图 6-9 所示

图 6-8
保存学习日志界面

图 6-9
读取学习日志界面

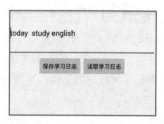

案例步骤如下。

步骤 1：打开 Android Studio 的开发环境，新建 Android Project，命名为 sd_wr。

步骤 2：在 layout 下添加一个使用线性布局的布局文件 layout.xml，一个输入框的 id 为 e
两个按钮的 id 分别为 read 和 write。布局文件代码读者自行完成（参考代码在配套的资源包中

步骤 3：打开 MainActivity.java 文件，在 OnCreate()方法上面声明一个字符串变量 fileNam
示 SD 卡下的文件名。

```
final String FILE_NAME = "test.txt";
```

步骤 4：将 Activity 与 xml 可视化文件关联。

```
setContentView(R.layout.layout);
```

步骤 5：在 onCreate 方法中声明并获取布局文件中的两个按钮。

```
Button write=(Button)findViewById(R.id.write);
Button read=(Button)findViewById(R.id.read);
```

步骤 6：在 onCreate()方法中为两个按钮绑定监听器。

```
write.setOnClickListener(new listener1());
read.setOnClickListener(new listener2());
```

步骤 7：用内部类的方式，分别编写"保存学习日志"和"学习日志"按钮的监听器

```
class listener1 implements OnClickListener
{
    @Override
    public void onClick(View arg0) {
        // TODO Auto-generated method stub
        try {
            // 如果手机插入了 SD 卡，而且应用程序具有访问 SD 的权限
            if (Environment.getExternalStorageState().equals(
                Environment.MEDIA_MOUNTED)) {
```

```
                    // 获取 SD 卡的目录
                    File sdCardDir = Environment.getExternalStorageDirectory();
    Toast.makeText(MainActivity.this,sdCardDir.toString(),Toast. LENGTH_SHORT).show();
                    File targetFile = new File(sdCardDir.getPath()+"/" + FILE_NAME);
                    // 以指定文件创建 RandomAccessFile 对象
                    targetFile.createNewFile();
                    FileWriter fw=new FileWriter(sdCardDir.getPath()+"/" + FILE_NAME);
                    BufferedWriter bw=new BufferedWriter(fw);
                    final EditText edit1 = (EditText) findViewById(R.id.edit1);
                    bw.write(edit1.getText().toString());
                    bw.close();
                    edit1.setText("");
                    Toast.makeText(getApplicationContext(), "写入 SDCard 成功    ",Toast.
LENGTH_LONG).show();
                }
            } catch (Exception e) {
                e.printStackTrace();
            }
        }
    }
    class listener2 implements OnClickListener
    {
        @Override
        public void onClick(View v) {
            // TODO Auto-generated method stub
            try {
                // 如果手机插入了 SD 卡，而且应用程序具有访问 SD 的权限
                if (Environment.getExternalStorageState().equals(
                        Environment.MEDIA_MOUNTED)) {
                    // 获取 SD 卡对应的存储目录
                    File sdCardDir = Environment.getExternalStorageDirectory();
                    // 获取指定文件对应的输入流
                    FileInputStream fis = new FileInputStream(sdCardDir
                            .getPath()+"/"+ FILE_NAME);
                    // 将指定输入流包装成 BufferedReader
                    FileReader fr=new FileReader(sdCardDir
                            .getPath()+"/"
                            + FILE_NAME);
                    BufferedReader br = new BufferedReader(fr);
                    String line = "";
                    String str="";
                    while ((str= br.readLine()) != null) {
                        line=str+line;
                    }
                    final EditText edit2 = (EditText) findViewById(R.id.edit1);
                    // 读取指定文件中的内容，并显示出来
                    edit2.setText(line);
                }
```

```
            } catch (Exception e) {
                e.printStackTrace();
            }
        }
    }
```

步骤 8：将计算机中防火墙和杀毒软件全部停止，运行程序。

步骤 9：进入 SD 卡的目录/storage/sdcard0 下，打开此程序生成的文件 text.txt，查看
的内容是不是运行时输入的内容。

6.4 SQLite 数据库存储

微课 6-4
SQLite 数据库及
常用语句介绍

6.4.1 SQLite 数据库

1. SQLite 数据库概述

SQLite 是一个轻量级数据库，占用资源非常低，在内存中只需要占用几百 KB 的存储空

SQLite 是遵守 ACID 的关系型数据库管理系统，ACID 是指数据库事务正确执行的 4
本要素。这 4 个基本要素分别是原子性（Atomicity）、一致性（Consistency）、隔离性（Isola
和持久性（Durability）。

2. SQLite 数据库的特点

① Android 通过 SQLite 数据库引擎来实现结构化数据的存储。在一个数据库应用
中，任何类都可以通过名字对已经创建的数据库进行访问，但在应用程序之外就不可以。

② SQLite 数据库是一种用 C 语言编写的嵌入式数据库，它是一个轻量级的数据库，
为嵌入式设计的。它在一些基础简单的语句处理上要比 Oracle、MySql 快很多，而且其对
的要求很低，在内存中只需要几百 KB 的存储空间。这是 Android 中采用 SQLite 数据库
要原因。

③ SQLite 支持事务处理功能。

④ SQLite 处理速度比 MySQL 等著名的开源数据库系统更快。它没有服务器进程。

⑤ SQLite 通过文件保存数据库，该文件是跨平台的，可以自由复制。一个文件就是
数据库。数据库名即文件名。

⑥ JDBC 会消耗太多系统资源，所以 JDBC 对于手机并不合适，因此 Android 提供了
API 来使用 SQLite 数据库。

⑦ SQLite 最大的特点是可以把各种类型的数据保存到任何字段中，而不用关心字段
的数据类型是什么。例如，可以在 Integer 类型的字段中存放字符串，或者在布尔型字段中
浮点数，或者在字符型字段中存放日期型值。

3. SQLite 支持的数据类型

大多数的数据库引擎（除了 SQLite 的每个 SQL 数据库引擎）都使用静态的、刚性的类
使用静态类型，数据的类型就由它的容器决定，这个容器是指被存放的特定列。

SQLite 使用一个更一般的动态类型系统，SQLite 中，值的数据类型跟值本身相关，
是与它的容器相关。SQLite 的动态类型系统和其他数据库的更为一般的静态类型系统相

时，SQLite 中的动态类型允许它能做到一些传统刚性类型数据库所不可能做到的事。

简单理解就是存储的值和列的类型是分开的，列的类型可以有很多，而存储的类型就 5 这也是为什么 SQLite 这么小却能支持那么多数据类型的原因。就像映射一样，SQLite 有自己的数据类型到存储类型的映射。

每一个值存储在一个 SQLite 数据库（或操作的 数据库引擎）都有以下 5 种中一种存储类存在数据库中，这 5 种存储类分别如下。

① NULL（零）：空值，相当于 Java 中的 null。

② INTEGER（整数）：带符号的整型，相当于 Java 中的 int 型。

③ REAL（浮点数字）：相当于 Java 中 float/double 型。

④ TEXT（字符串文本）：相当于 Java 中 String 类。

⑤ BLOB（二进制对象）：相当于 Java 中的 byte 数组，用于存放图片、声音等文件。

 说明 》》》》》》》》

SQLite 没有一个单独的用于存储日期和存储类，但 SQLite 能够把日期和时间存储为 TEXT、REAL 或 TEGER 值。它们之间格式转换见表 6-1。

表 6-1 SQLite 日期格式设置

存 储 类	日 期 格 式
TEXT	格式为"YYYY-MM-DD HH:MM:SS.SSSS"的日期
REAL	从公元前 4714 年 11 月 24 日格林尼治时间的正午开始算起的天数
INTEGER	从 1970-01-01 00:00:00 UTC 算起的秒数

● SQLite 没有单独的布尔存储类型，它使用 INTEGER 作为存储类型，0 为 false，1 为 true。

4. 类型近似（SQLite 的数据集合）

为了使 SQLite 和其他数据库间的兼容性最大化，SQLite 支持列上"类型近似"的观点，类型近似指的是存储在列上数据的推荐类型。这里必须记住一点，这个类型是被推荐，而必须的。任何列仍然能存储任意类型的数据。只是一些列，给予选择的话，将会相比于其一些类型优选选择一些存储类型，这个列优先选择的存储类型被称为它的"近似"。

每个 SQLite3 数据库中的列都被赋予 TEXT、NUMERIC、INTEGER、REAL、BLOB（BLOB 叫做 NONE，不过这个词更容易混淆"没有近似"）类型近似中的一种。

具有 TEXT 近似的列可以用 NULL，TEXT 或者 BLOB 类型存储数据。如果数值数据被插具有 TEXT 近似的列，在被存储前被转换为文本形式

一个有 NUMERIC 近似的列可以使用所有 5 种存储类来存储数据。当文本数据被存放到 ERIC 近似的列中，如果这个转换是无损的，这个文本的存储类被转换到 INTEGER 或（根据优先级顺序）。对于 TEXT 和 REAL 存储间的转换，如果数据的前 15 位的被保 SQLite 就认为这个转换是无损的、可反转的。如果 TEXT 到 INTEGER 或 REAL 的转可避免地会造成损失，那么数据将使用 TEXT 存储类存储。不会企图去转换 NULL 或 3 值。

一个字符串可能看起来像浮点数据，有小数点或指数符号，但只要这个数据可以使用整型 NUMERIC 近似就会将它转换到整型。例如，字符串 '3.0e+5'存放到一个具有 NUMERIC 的列中，被存为 300000，而不是浮点型值 300000.0。

具有 INTEGER 近似的列和具有 NUMERIC 近似的列表现相同。它们之间的差别仅在于描述上。

具有 REAL 近似的列和具有 NUMERIC 近似的列一样,除了它将整型数据转换成浮点型形

具有 BLOB 近似的列不会优先选择一个存储列,也不会强制将数据从一个存储类转

另外一个类。

列的近似由这个列的声明类型所决定,主要根据下面的规则。

① 如果声明类型包含 INT 字符串,那么该列被赋予 INTEGER 近似。

② 如果这个列的声明类型包含 CHAR、CLOB 或者 TEXT 中的任意一个,那么该列

了 TEXT 近似。注意类型 VARCHAR 包含了 CHAR 字符串,那么也就被赋予了 TEXT 近

③ 如果列的声明类型中包含了字符串 BLOB 或者没有为其声明类型,该列被赋予 B

近似。

④ 如果列的声明类型包含 REAL、FLOA、DOUB 中任何一个,那么该列就是 R

近似。

⑤ 其他的情况下,列被赋予 NUMERIC 近似。

说明 ››››››››

以上规则顺序对于决定列的近似很重要。一个列的声明类型为 CHARINT 则同时会匹配规则 1 和 2,

是第 1 个规则优先,所以该列的近似将是 INTEGER。

SQLite 目前的版本支持以下 5 种亲缘类型,其见表 6-2。

表 6-2 亲缘类型映射

Example Typenames From The CREATE TABLE Statement or CAST Expression （输入的类型）	Resulting Affinity （近似的结果）	Rule Used To Determine Affir （用于确定亲和力的规则
INT		
INTEGER		
TINYINT		
SMALLINT		
MEDIUMINT	INTEGER	1
BIGINT		
UNSIGNED BIG INT		
INT2		
INT8		
CHARACTER(20)		
VARCHAR(255)		
VARYING CHARACTER(255)		
NCHAR(55)		
NATIVE CHARACTER(70)	TEXT	2
NVARCHAR(100)		
TEXT		
CLOB		

续表

Example Typenames From The CREATE TABLE Statement or CAST Expression（输入的类型）	Resulting Affinity（近似的结果）	Rule Used To Determine Affinity（用于确定亲和力的规则）
LOB no datatype specified	BLOB	3
REAL DOUBLE DOUBLE PRECISION FLOAT	REAL	4
NUMERIC DECIMAL(10,5) BOOLEAN DATE DATETIME	NUMERIC	5

5. SQLite3 中的约束

NOT NULL：非空 UNIQUE，唯一。

PRIMARY KEY：主键。

FOREIGN KEY：外键。

CHECK：条件检查。

DEFAULT：默认。

6. SQLite 数据库的增删改查操作

（1）创建表

数据库是数据库，数据库表是存放在数据库中存放消息的容器。

语法：

```
create table tabname(col1 type1 [not null][primary key], col2 type2[not null], … )
```

注：tabname 为表名，col1、col2 为字段名称，type1、type2 为字段类型，在[ ]中的约束条可以选的。

举例：创建学生表字段名称、类型、约束等，见表 6-3。

表 6-3　学生表结构要求

字　段　名	类　　型	长　　度	约　　束	说　　明
id	INTEGER		主键，自增长	编号
name	VARCHAR	20	非空	姓名
cid	INTEGER			所在班级
age	INTEGER		大于 18 且小于 60	年龄
gender	BIT		默认为 1，表示男	性别
score	REAL			数学成绩

创建表 student 的 SQL 语句如下：

```
create table student(
    id INTEGER PRIMARY KEY AUTOINCREMENT,
    name VARCHAR(20) NOT NULL,
    cid INTEGER,
    age INTEGER CHECK(age>18 and age<60),
    gender BIT DEFAULT(1),
    score REAL);
```

注：SQL 中不区分大小写。

（2）插入语句

语法：

```
insert into table1(field1, field2) values(value1, value2);
```

语法详解：在表名为 table1 的表的 field1 和 field2 字段分别插入 value1 和 value2 的（

举例：给 student 表中的各个字段插入值。

```
insert into student (name, cid, age, gender, score) values ('tom', 1, 20, 1, 80.0);
```

向表 student 中插入一条记录：向 1 班插入一名男同学名叫 tom，今年 20 岁，数学考
绩为 80 分。

注：可以在 student 后面不带字段名称，即 name、cid…等，但如果不携带字段信息但看
语句就无法直接明了知道插入的 value 是给哪个字段赋值。

（3）更新语句

语法：

```
update table1
set field1=value1
where  范围
```

语法详解：update 后面跟着表名，表示要更新哪个表，set 表示要修改哪个字段的值，
表示限定 field1 字段 value 值在某个范围内才需要修改。

举例：

```
update student set name='jack' where name='tom';
```

将 student 表中 name 字段中 value 为 tom 的值修改为 jack。

（4）查询语句

select 查询方法是数据库操作中使用最频繁的操作，无论是想获取数据还是得知数打
的信息都必须使用 select 语句，同时 select 语句也是 SQL 语法中最复杂的语句。

```
SELECT    [ALL | DISTINCT]
FROM   table_name   [ as table_ alias  ]
    [left|out|inner    join table_name2]
#联合查询
  [WHERE    … ]    #指定结果需满足的条件
  [GROUP BY …]    #指定结果按照哪几个字段来分组
  [HAVING …]      #过滤分组的记录必须满足的次要条件
  [ORDER BY… ]    #指定查询记录按一个或者多个条件排序
```

> [LIMIT { [offset,] row_count | row_count OFFSEToffset }];
> #指定查询的记录从哪条至哪条

1）基本查询

> select * from table1 where 范围

语法详解：* 代表通配符，即所有的字段。

> select col1, col2, col3 from table1 where 范围;

查看 col1、col2、col3 字段的信息。

举例 1：select * from student where name="jack"

查询 student 表中名字叫 jack 的所有字段的信息。

举例 2：select id, name, score from student;

查询 student 表中所有学生的编号、名字、分数。

限制查询：

● LIMIT 关键字。

> select * from table1 LIMIT 5;

查询 table1 中前 5 行中的数据，LIMIT 关键字后面加数字可限定返回多少条数据。

● OFFSET 关键字。

> select * from table1 limit 5 offset 5;

查询 table1 中从第 5 行起的 5 行数据，OFFSET 前面必须有 LIMIT 限定。

举例：

> select * from student limit 5;

查询 student 中前 5 行中的数据。

> select * from student limit 5 offset 5;

查询 student 中从第 5 行起的 5 行数据。

2）排序查询

● ORDER BY 关键字。

> select * from table1 order by col1;

查询 table1 中所有数据，然后按照 col1 字段的升序排列（A-Z，0-9）。

> select * from table1 order by col1, col2;

查询 table1 中所有数据，先按照 col1 字段的排列，然后按照 col2 字段排序。

举例：

> select * from student order by score;

查询 student 中所有数据，按照 score 字段的升序排列。

> select * from student order by name, score;

查询 student 中所有数据，先按照 name 字段的排列，然后按照 score 字段排序。

● DESC 关键字。

```
select * from student order by name, score DESC;
```

查询 student 中所有数据，先按照 name 字段的排列，然后按照 score 字段降序排序。

注：DESC 为降序排序，即（Z-A，9-0），DESC 是 DESCENDING 缩写。 DESC 必在 ORDER BY 关键字后面； DESC 关键字只应用在直接位于其前面的列名；与 DESC 相是 ASC（即 ASCENDING），在升序排序时可指定 ASC，但这一关键字并没什么用处，因序是默认的。

3）where 过滤语句

where 是过滤语句，数据会根据 where 子句的搜索条件进行过滤，一般情况下 where insert、delete、update、select 语句后面。这是一个需要值得注意的语句，使用它能够极提高查询数据库的效率，而使用 delete 语句如果不带上过滤语句，则会把数据表中的所息删除！

注：当 ORDER BY 关键字和 where 一起使用时，ORDER BY 应该位于 where 后面，会报错。

where 子句后面跟着的是过滤条件，过滤条件可使用逻辑符号，即>、<、=、!=等逻号，与计算机通用的逻辑符号并没有什么不同。

举例：select * from student where score>70.0 ORDER BY name;

查询 student 表中成绩大于 70 分的数据，同时按照名字升序排列。

高级过滤：AND 关键字，必须满足前后两个条件的数据。

```
select * from student where score>60 and score< 100;
```

查询 student 表中成绩大于 60 分并且小于 100 分的数据。

OR 关键字：只要满足前后任意一个条件即可。

```
select * from student where score>90 or score<70;
```

查询 student 表中成绩大于 90 分或者小于 70 分的数据。

4）AND 和 OR 连用（and 的优先级比 or 要高，两者连用时在各自的条件中添加圆括号进行分组）

```
select * from student where (score>90 or score<70) and (age>19);
```

BETWEEN 关键字：

```
select * from student where score between 70 and 80;
```

查询 student 表中分数在 70 至 80 分之间的数据。

IN 关键字：用于指定范围，范围中的每个条件都进行匹配，IN 由一组逗号分隔、括号中的合法值。

```
select * from student where name in('tom', 'Denesy');
```

查询 student 表中名字为 tom 和 Denesy 的数据。

注：在指定要匹配值得清单的关键字中，IN 和 OR 功能相当，IN 可与 AND 和 OR他操作符使用，IN 操作符比一组 OR 操作符执行快，可以包含其他 SELECT 语句。

1.2 SQLite 在 Android 中的使用

Android 提供了创建和使用 SQLite 数据库的 API。SQLiteDatabase 代表一个数据库对象，
了操作数据库的一些方法。在 Android 的 SDK 目录下有 sqlite3 工具，可以利用它创建数
、创建表和执行一些 SQL 语句。表 6-4 列出了 SQLiteDatabase 的常用方法。

表 6-4　SQLiteDatabase 的常用方法

方 法 名 称	方法表示含义
openOrCreateDatabase(String path,SQLiteDatabase.CursorFactory factory)	打开或创建数据库
insert(String table,String nullColumnHack,ContentValues values)	插入一条记录
delete(String table,String whereClause,String[] whereArgs)	删除一条记录
query(String table,String[] columns,String selection,String[] selectionArgs,String pBy,String having,String orderBy)	查询一条记录
update(String table,ContentValues values,String whereClause,String[] whereArgs)	修改记录
execSQL(String sql)	执行一条 SQL 语句
ose()	关闭数据库

谷歌公司命名这些方法的名称都是非常形象的。例如 openOrCreateDatabase，从字面英文
就能看出这是一个打开或创建数据库的方法。

（1）打开或者创建数据库

在 Android 中使用 SQLiteDatabase 的静态方法 openOrCreateDatabase(String path,SQLite
bae.CursorFactory factory)打开或者创建一个数据库。它会自动去检测是否存在这个数据
如果存在则打开，不存在则创建一个数据库；创建成功则返回一个 SQLiteDatabase 对象，
抛出异常 FileNotFoundException。下面是创建名为 stu.db 数据库的代码：

```
openOrCreateDatabase(String path,SQLiteDatabae.CursorFactory factory)
```

参数 1：数据库创建的路径。
参数 2：一般设置为 null 即可。
举例：

```
db=SQLiteDatabase.openOrCreateDatabase(this.getFilesDir().toString() +"/my.db" , null);
```

该例就是要在当前工程目录的 FILES 目录下建立库文件 my.db。

（2）创建表
编写创建表的 SQL 语句，调用 SQLiteDatabase 的 execSQL()方法来执行 SQL 语句。
举例：
创建一张用户表 user，属性列为 name（用户名）、telnumber（电话号码）。

```
create table if not exists user(name text, telnumber text)
```

（3）插入数据
插入数据有以下两种方法。

① SQLiteDatabase 的 insert(String table,String nullColumnHack,ContentValues values)方法。

参数 1，表名称；参数 2，空列的默认值；参数 3，ContentValues 类型的一个封装了
称和列值的 Map。

举例：

```
ContentValues values = new ContentValues();
values.put("name",name);
values.put("telnumber",telnumber);
db.insert("user", null, values);
```

② 编写插入数据的 SQL 语句，直接调用 SQLiteDatabase 的 execSQL()方法来执行第
方法的代码。

举例：

```
String sql = "insert into user(name,telnumber)"+" values('"+name+"','"+pass+"')";
db.execSQL(sql);
```

（4）删除数据

删除数据也有以下两种方法。

① 调用 SQLiteDatabase 的 delete(String table,String whereClause,String[]whereArgs)方
参数 1，表名称；参数 2，删除条件；参数 3，删除条件值数组。

举例：db.delete("user", "name=?",new String[]{name});

② 编写删除 SQL 语句，调用 SQLiteDatabase 的 execSQL()方法来执行删除。

举例：

```
sql = "delete from user where name='"+name+"'";
db.execSQL(sql);
```

（5）修改数据

修改数据有以下两种方法。

① 调用 SQLiteDatabase 的 update(String table,ContentValues values,String whereCl
String[] whereArgs)方法。

参数 1，表名称；参数 2，跟行列 ContentValues 类型的键值对 Key-Value；参数 3，
条件（where 字句）；参数 4，更新条件数组。

举例：

```
ContentValues values=new ContentValues();
values.put("telnumber", telnumber);
db.update("user", values,"name=?",new String[]{name});
```

② 编写更新的 SQL 语句，调用 SQLiteDatabase 的 execSQL 执行更新。

举例：

```
sql="update two set telnumber="+"'"+telnumber+"'"+"where name="+"'"+name+"'";
db.execSQL(sql);
```

（6）查询数据

在 Android 中查询数据是通过 Cursor 类来实现的，当使用 SQLiteDatabase.query()方
会得到一个 Cursor 对象，Cursor 指向的就是每一条数据。它提供了很多有关查询的方法，

法如下：

> public Cursor query(String table,String[] columns,String selection,String[] selectionArgs,
> ing groupBy,String having,String orderBy,String limit);

各个参数的意义说明如下。

- 参数 table：表名称。
- 参数 columns：列名称数组。
- 参数 selection：条件字句，相当于 where。
- 参数 selectionArgs：条件字句。
- 参数数组参数 groupBy：分组列。
- 参数 having：分组条件。
- 参数 orderBy：排序列。
- 参数 limit：分页查询限制。
- 参数 Cursor：返回值，相当于结果集 ResultSetCursor，是一个游标接口，提供了遍历查询结果的方法，如移动指针方法 move()、获得列值方法 getString()等，Cursor 游标的常用方法见表 6-5。

表 6-5 Cursor 游标常用方法

方 法 名 称	方 法 描 述
etCount()	获得总的数据项数
sFirst()	判断是否第一条记录
sLast()	判断是否最后一条记录
noveToFirst()	移动到第一条记录
noveToLast()	移动到最后一条记录
nove(int offset)	移动到指定记录
oveToNext()	移动到下一条记录
oveToPrevious()	移动到上一条记录
etColumnIndexOrThrow(String columnName)	根据列名称获得列索引
etInt(int columnIndex)	获得指定列索引的 int 类型值
etString(int columnIndex)	获得指定列缩影的 String 类型值

以下是用 Cursor 来查询数据库中的数据，具体代码如下。

方法 1：使用 db.query 方法来查询获得游标。

```
Cursor cursor = db.query("two", new String[]{"name, telnumber"}, "name=?", new String[]
ame}, null, null, null); //查询获得游标
        if (cursor.moveToFirst()) {//判断游标是否为空
    for (int i = 0; i < cursor.getCount(); i++) {
            cursor.move(i);//移动到指定记录
            String str1 = cursor.getString(0);//获得用户名
            String str2 = cursor.getString(1);//获得密码
            et1.setText(str1);
```

```
                    et2.setText(str2);
                }
            }
        else {
            Toast.makeText(MainActivity.this, "没有符合的记录", Toast.LENGTH_LONG).show(
        }
```

方法 2：使用 db.rawQuery 方法利用 SQL 语句获得游标。

```
Cursor result = db.rawQuery("select * from two where name="+"'"+name+"'",null);
if (cursor.moveToFirst()) {//判断游标是否为空
for (int i = 0; i < cursor.getCount(); i++) {
        cursor.move(i);//移动到指定记录
        String str1 = cursor.getString(0);//获得用户名
        String str2 = cursor.getString(1);//获得密码
        et1.setText(str1);
        et2.setText(str2);
    }
}
else {
    Toast.makeText(MainActivity.this, "没有符合的记录", Toast.LENGTH_LONG).show(
}
```

6.4.3　SQLiteOpenHelper 类

　　该类是 SQLiteDatabase 一个辅助类。这个类主要生成一个数据库，并对数据库的版本进行管理。当在程序当中调用这个类的方法 getWritableDatabase()（说明：它会调用并返回一个可读写数据库的对象，在第一次调用时会调用 onCreate 的方法，当数据库存在时会调用 onC方法，结束时调用 onClose 方法，此方法以读写方式打开数据库，一旦数据库的磁盘空间满数据库就只能读而不能写，倘若使用的是 getWritableDatabase() 方法就会出错）或getReadableDatabase 方法（说明：它会调用并返回一个可以读写数据库的对象，在第一次时会调用 onCreate 的方法，当数据库存在时会调用 onOpen 方法，结束时调用 onClose 方此方法以读写方式打开数据库，如果数据库的磁盘空间满了，就会打开失败，当打开失败继续尝试以只读方式打开数据库。如果该问题成功解决，则只读数据库对象就会关闭，然回一个可读写的数据库对象）的时候，如果当时没有数据，那么 Android 系统就会自动生个数据库。SQLiteOpenHelper 是一个抽象类，通常需要继承它，并且实现其中的 3 个函数

　　① onCreate(SQLiteDatabase)：在数据库第一次生成时会调用这个方法，也就是说，在创建数据库时才会调用，当然也有一些其他的情况，一般在这个方法中生成数据库表。

　　② onUpgrade(SQLiteDatabase,int,int)：当数据库需要升级的时候，Android 系统会主调用这个方法。一般在这个方法里边删除数据表，并建立新的数据表，是否还需要做其他作，完全取决于应用的需求。

　　③ onOpen(SQLiteDatabase)：当打开数据库时的回调函数，一般在程序中不经常使用

6.4.4　ListView 与适配器

　　ListView 是最为常见的控件。对于大多数规则排列的界面，几乎都可以用 ListV

行编写。对于单一界面来说，ListView 既是最难的控件，又是使用最为频繁的控件。
View 通常用于展示大量的数据，如读取数据库中的数据。ListView 优势较为明显，
显示大量数据时节约内存，自带 ScrollView 的功能可以实现界面滚动等。ListView 控
的设计正好遵循 MVC 设计模式。mode 数据模型，在 ListView 中具体可以指要显示
ListView 上的数据集合；view 视图用于展示数据，数据显示在每一个条目上；controller
层，数组中的数据是无法直接传递给 ListView 的，需要借助适配器把数据展示到控
上。

（1）ListView 使用步骤

其不复杂，无论是哪种场景下使用都可以归纳为以下几步。

① 布局文件里申明 ListView，设置 ID 和其他相关参数。

② 在代码中通过 findViewById 方法找到 ListView 控件。

③ 设置适配器，可以单独定义出一个类继承相关的适配器，也可以创建一个适配器的匿
部类。关键取决于代码的复杂程度。

④ 重写适配器中的方法。主要有两个，一个是 getCount()表示 ListView 的条目数。另一
是 getView 返回显示的 View，表示每一个条目的视图。getView()方法在每个子项被滚动到屏
的时候会被调用。

⑤ ListView 列表项的点击事件 listView.setOnItemClickLinstener()。

知道 ListView 的使用步骤后，还有很多需要注意的细节问题，接下来一一列举。

首先是适配器的类型选择。Android 中提供了很多适配器的实现类，通常情况下使用的都
BaseAdapter，而其他的适配器都是继承自 BaseAdapter。但有些界面控件很少，利用
yAdapter 或者 SimpleAdapter 可以满足需求。

（2）ArrayAdapter 的使用

ArrayAdapter 通常用于显示较为简单的数组和集合数据，界面较为简单，直接向
yAdapter 添加相关的参数即可。

```
    public ArrayAdapter(Context context, int resource, T[] objects) { init(context, resource, 0,
ys.asList(objects)); }
```

第 1 个参数 context 表示上下文，resource 是布局文件的 ID 号，objects 表示要显示的数组
List 集合。

（3）SimpleAdapter

使用 SimpleAdapter 的数据一般都是 HashMap 构成的 List 集合，List 的每一个对象对应
View 的每一行。HashMap 的每个键值数据映射到布局文件中对应 id 的组件上。这样可以
地显示图文显示的条目，通常设置界面就是这种形式。

```
    public SimpleAdapter(Context context, List<? extends Map<String, ?>> data,int resource,
ng[] from, int[] to) {
        mData = data;
        mResource = mDropDownResource = resource;
        mFrom = from;
        mTo = to;
        mInflater = (LayoutInflater) context.getSystemService(Context.LAYOUT_INFLATER_SERVICE);}
```

context 表示上下文。data 表示要显示的数据，用键值对的形式暂时存放数据。resource 是
文件的 ID 号。from 表示 Map 集合中 key 的数组，to 表示 item 布局中控件的 ID。后两

笔 记

个参数均是字符转数组，表示的是多个 Item 条目。

以上两种适配器通常用于显示较为简单的条目内容，如纯文本的显示、简单的文本和图组合。复杂的条目结构需要用借助 BaseaAadpter 进行显示。

接着是对代码的优化。通常使用 ListView 时涉及到的数据不会太少，测试的时候几一百条的数据可能看不出影响，但当数据达到成千上万条的时候，未优化的 ListView 很有可能现异常。因此代码优化是十分有必要的。这里介绍两处代码的优化处理，一个是 convertV的复用，另一个是控件缓存机制。

优化 1：ListView 的复用。

convertView 用于将之前加载好的布局进行缓存，以便之后可以进行复用。通过使convertView 对创建的视图对象进行复用，可以节约减少内存消耗。对于少量相同形式的数可以用 LinearLayout 代替显示，但是当数据增加到上千条、上万条的时候，快速滚动滑动会不断地生成新的 TextView，对于内存的消耗过大，容易造成内存溢出。ListView 自带上动的功能，因此可以将滑出屏幕的 convertView 进行回收利用，每当一个 item 看不见的时那个 item 就可以被复用起来了，这样，ListView 始终保持创建的对象个数为屏幕显示条个数加一。事实上，item 的 view 对象没有真正地被垃圾回收器回收掉，而是重新将身上的据给换掉，看起来好像是出现了一个新的 item。这样视觉上就是连续的滚动条。

ListView 复用具体的做法是在 getView()方法中首先进行了判断 convertView 的内容是为空，如果 convertView 的内容为空则用 layoutInflater 去加载布局，如果不为空则直convertView 进行复用。这样就大大提高了 ListView 的运行效率，在快速滚动的时候也可现出更好的性能，再也不用担心内存溢出了。

优化 2：缓存控件的实例。

获取布局文件中的控件，每次都要在 getView()方法中调用 View 的 findViewById()方获取一次控件的实例，当需要多次关心控件时，就会创建多次，因此可以定义一个内部类于存放控件，最后将该类的对象存放在 view 的对象中。当 convertView 为空时，对控件例进行缓存，当 convertView 不为空时，从内部类中取出控件的实例，这样就减少了findViewById()方法的次数了，同样提高了代码的运行效率。

接下来，ListView 的界面优化。对于 ArrayAdapter 来说可以使用 Android 系统提供的布局，如 android.R.layout.simple_list_item_1。但这种方式较为固定，无法满足实际开发多的需要。因此可以重新创建一个布局文件，对界面进行自定义，根据自己的需要添加相应件。这样可以丰富界面的效果，提升软件美感，适应不同的开发需求。View 对象本身或何继承 View 对象的控件都有一个方法，那就是 inflate。通过 inflate 方法可以将一个布局转换成一个 View 对象，布局里面的所有控件都可以通过这个 View 对象来进行查找。inflat使用方式有以下几种。

① 直接用 View.inflate()创建 View 对象，这是 View 自带的方法。

```
public static View inflate(Context context, int resource, ViewGroup root) {
    LayoutInflater factory = LayoutInflater.from(context);
    return factory.inflate(resource, root);
}
```

② 参考 inflate 源码，可以获取 LayoutInflater 对象，然后调用 inflate 方法。

```
LayoutInflater.from(context).inflate(resource, null)
```

③ 通过上下文提供的 getSystemService 方法获取 LayoutInfater 对象，然后调用 inflate 方法。

```
view=getSystemService(Context.LAYOUT_INFLATER_SERVICE).inflate(R.resource, null);
```

3 种方式差别并不大，可任意选择。得到 View 对象后，可以通过 View 对象找到布局文件
的控件，布局文件可以单独定义一个 xml 文件用来表示每一个 Item 条目的显示效果。

接下来要说明的是条目点击。ListView 主要有两种交互方式，一个是条目滚动，另一是
目点击。前者用于显示，后者用于界面交互，点击之后可以进入其他界面或相应的对话框。
示条目归根到底是点击事件，使用 setOnItemClickListener()方法来为 ListView 注册了一个
听器，当用户点击了 ListView 中的任何一个子项时就会回调 onItemClick()方法，在这个方
中可以通过 position 参数判断出用户点击的是哪一个子项，然后执行接下来的逻辑。条目点
大地提升了界面的交互性，可以通过点击条目来执行更为复杂的任务。

```java
/**
 *
 * 刷新数据，创建条目点击事件
 */
private void refreshData() {
    list = dao.findAll();
    if(adapter == null ){
        adapter = new Myadapter(MainActivity.this,list);
        lv.setAdapter(adapter);
        lv.setOnItemClickListener(new OnItemClickListener() {
            @Override
            public void onItemClick(AdapterView<?> parent, View view,

                int position, long id) {
                AlertDialog.Builder builder = new Builder(MainActivity.this);
                builder.setTitle("详细信息:");
                builder.setMessage("姓名： " + list.get(position). getName() +"
性别： "+list.get(position).getSex() );
                builder.show();
            }
        });
    }else{
        adapter.refreshData1();
    }
}
```

最后一个小细节是数据更新。很多人在编写 ListView 过程中经常会忘了数据更新，这样
的结果就是，对数据进行增删改操作时界面不能及时刷新，只有重启程序，才可以看到界
的数据发生改变。ListView 的界面刷新有两种方式。一种是在 getView 中直接进行刷新，
一种则是单独定义一个方法对数据进行刷新。这里介绍第 2 种方法。在单独定义的数据方法
通常要做的是，首先得到要在 ListView 中显示的数据，可以将数据存放在 List 集合中。然
断适配器对象是否为空，若为空则定义一个新的适配器出来，否则直接调用适配器的
yDataSetChanged()方法进行刷新。数据刷新是 ListView 中的一个小细节，稍微不注意就会
到界面的显示效果，因此要格外重视。

6.4.5　SQLite 数据库存储案例

微课 6-5
SQLite 数据库存储
案例

通过 SQLite 实现单词本，如图 6-10 所示。

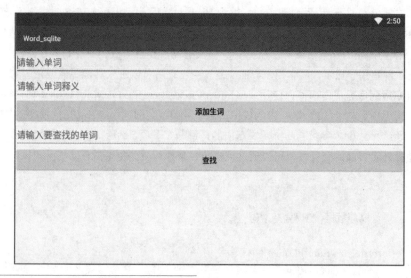

图 6-10
SQLite 实现单词本

添加完生词后，查询输入内容点击"查找"按钮后，就出现这个单词的含义，如图
所示。

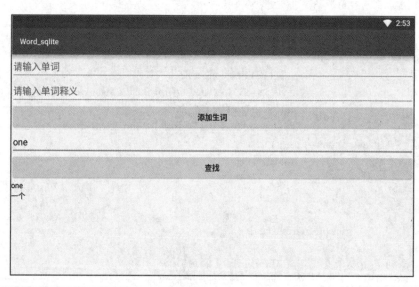

图 6-11
查询单词

代码实现如下。

步骤 1：新建一个 Android 工程，命名为 Word_sqlite。

步骤 2：在 layout 下添加一个使用线性布局的布局文件 main.xml，如图 6-12 所示。
在里面设置 3 个 EDITTEXT，用来设置插入单词与语义和查询单词的输入操作，2 个按
用来添加生词和查询单词含义，1 个 ListView 用来显示所查询单词的含义。

```xml
<?xml version="1.0" encoding="utf-8"?>
<LinearLayout xmlns:android="http://schemas.android.com/apk/res/android"
    android:layout_width="match_parent"
```

```
                    android:layout_height="match_parent"
                    android:orientation="vertical">
        <EditText
            android:layout_width="match_parent"
            android:layout_height="wrap_content"
            android:id="@+id/editText1"
            android:ems="10"
            android:hint="请输入单词">
            <requestFocus />
        </EditText>
        <EditText
            android:layout_width="match_parent"
            android:layout_height="wrap_content"
            android:id="@+id/editText2"
            android:ems="10"
            android:hint="请输入单词释义"/>
        <Button
            android:id="@+id/button1"
            android:layout_width="match_parent"
            android:layout_height="wrap_content"
            android:text="添加生词"
            />
        <EditText
            android:layout_width="match_parent"
            android:layout_height="wrap_content"
            android:id="@+id/editText3"
            android:ems="10"
            android:hint="请输入要查找的单词"/>
        <Button
            android:id="@+id/button2"
            android:layout_width="match_parent"
            android:layout_height="wrap_content"
            android:text="查找"
            />
        <ListView
            android:id="@+id/listView1"
            android:layout_width="match_parent"
            android:layout_height="wrap_content"
            >
        </ListView>
    </LinearLayout>
```

步骤 3：创建好 ListView 布局后，需要创建 ListView 对应的 Item（条目）布局，显示每
目信息。这里显示单词名称和含义，如图 6-13 所示。用两个 TextView 表示，文件命名为
xml，布局采取线性布局。

图 6-12
main.xml 界面文件

图 6-13
line.xml 界面文件

line.xml 文件内容如下：

```xml
<?xml version="1.0" encoding="utf-8"?>
<LinearLayout xmlns:android="http://schemas.android.com/apk/res/android"
              android:layout_width="match_parent"
              android:layout_height="match_parent"
              android:orientation="vertical"
    >
    <TextView
        android:id="@+id/textView1"
        android:layout_width="wrap_content"
        android:layout_height="wrap_content"
        android:text="Large Text"
        android:textColor="#000000"
        />
    <TextView
        android:id="@+id/textView2"
        android:layout_width="wrap_content"
        android:layout_height="wrap_content"
        android:text="Large Text"
        android:textColor="#000000"
        />
</LinearLayout>
```

步骤 4：在 MainActivity 中完成按键监听工作，完成数据相应写入与查询工作。代码如

```java
public class MainActivity extends AppCompatActivity {
    private EditText word;
    private EditText wordMean;
    private Button searchBut;
```

```
        private Button insertBut;
        private EditText input;
        private ListView listview;
        private MyDataBaseHelper dbHelper;
        private SQLiteDatabase sqlDB;
        @Override
        protected void onCreate(Bundle savedInstanceState) {
            super.onCreate(savedInstanceState);
            setContentView(R.layout.main);
            word = (EditText) findViewById(R.id.editText1);
            wordMean = (EditText) findViewById(R.id.editText2);
            input = (EditText) findViewById(R.id.editText3);
            insertBut = (Button) findViewById(R.id.button1);
            searchBut = (Button) findViewById(R.id.button2);
            listview = (ListView) findViewById(R.id.listView1);
            dbHelper = new MyDataBaseHelper(MainActivity.this, "myDict.db3", 1);
            insertBut.setOnClickListener(new View.OnClickListener() {
                @Override
                public void onClick(View v) {
                    insertMethod();
                }
            });
            searchBut.setOnClickListener(new View.OnClickListener() {
                @Override
                public void onClick(View v) {
                    searchMethod();
                }
            });
        }
        //插入单词
        protected void insertMethod() {
            String strWord = word.getText().toString();
            String strMean = wordMean.getText().toString();
            //插入生词记录
            sqlDB = dbHelper.getReadableDatabase();
            sqlDB.execSQL("INSERT INTO dict VALUES(NULL,?,?)", new String[]{strWord,
strMean});
            Toast.makeText(getApplicationContext(), "插入成功", Toast.LENGTH_LONG).show();
        }
        //查找单词
        protected void searchMethod() {
            String key = input.getText().toString();
            Cursor cursor = dbHelper.getReadableDatabase().rawQuery("SELECT * FROM
dict WHERE word LIKE ? OR detail LIKE ?", new String[]{"%" + key + "%", "%" + key + "%"});
            ArrayList<Map<String, String>> result = new ArrayList<Map<String, String>>();
            while (cursor.moveToNext()) {
                Map<String, String> map = new HashMap<String, String>();
                map.put("word", cursor.getString(1));
```

```
                    map.put("detail", cursor.getString(2));
                    result.add(map);
                }
                SimpleAdapter simpleAdapter = new SimpleAdapter(
                        getApplicationContext(), result, R.layout.line,newString[]{"word","detai
new int[]{R.id.textView1,R.id.textView2} );
                listview.setAdapter(simpleAdapter);
            }
        }
```

步骤 5：建立数据库，新建类 MyDataBaseHelper 继承 SQLiteOpenHelper 类，完成数扫
创建工作，代码如下。

```
public class MyDataBaseHelper extends SQLiteOpenHelper {
    public MyDataBaseHelper(Context context, String name, int version){
        super(context,name,null,version);}
    @Override
    public void onCreate(SQLiteDatabase db) {
        String sql="CREATE TABLE dict(_id INTEGER PRIMARY KEY autoincreme
word,detail)";
        db.execSQL(sql);
    }
    @Override
    public void onUpgrade(SQLiteDatabase db, int oldVersion, int newVersion) {
    }
}
```

6.5 Android 集装箱综合案例

微课 6-6
Android 集装箱
综合案例

图 6-14
通信录启动界面

通过 SQLite 实现手机通信录人员的添删改查功能。此案例详细代码见
案例 6 综合案例，代码文档参见配套资源，这里只罗列主要步骤代码。

第 1 步：在 Android 的 IDE 环境中，创建 SQLite 通信录工程，界面如图
所示。

第 2 步：点击"添加"按钮后出现添加联系人界面，等待输入用户与
号码，如图 6-15 所示。

第 3 步：在如图 6-14 所示界面中，点击"查询"按钮，查询联系人的
输入刚添加的用户"王小明"，点击"搜索"按钮，出现搜索结果，如图
所示。

第 4 步：在如图 6-14 所示界面中，点击"修改"按钮，进入更新界面
入联系人姓名和新的电话号码进行更新操作，如图 6-17 所示。

第 5 步：在如图 6-14 所示界面中，点击"删除"按钮，进入删除界面
入要删除的联系人的姓名，点击"删除"按钮，即可删除指定的用户，如图
所示。

图 6-15
添加联系人界面

图 6-16
查询联系人并显示界面

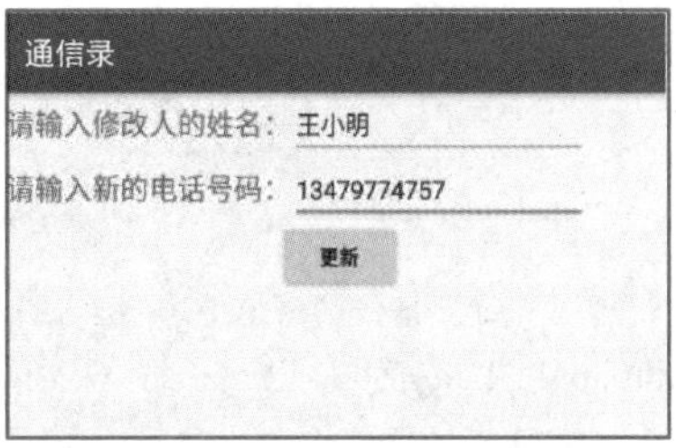

图 6-17
更新联系人信息界面

图 6-18
删除用户界面

案例内容如下。

步骤 1：打开 Android Studio 的开发环境，新建 Android Project，命名为 Sqlite_addresslist。

步骤 2：在 layout 下添加一个使用相对布局的布局文件 activity_main.xml，一个 ListView，为 user_list 用来显示当前用户与电话号码信息。在相对布局中先加入一个 ListView 用来通讯录中所有的用户与电话的对应，其 ID 为 user_list；在 ListView 下方嵌套线性布局，用放 4 个按钮，分别是"添加""查询""修改""删除"，ID 分别为 addUser、searchUser、eUser、deleteUser。布局文件代码自己尝试编写，具体代码可以查看配套资源库。

步骤 3：建立"添加"用户界面的 XML 文件 activity_add_user.xml，设置为线性布局；添个 EditText 分别用来输入用户名与电话号码的，其 ID 分别为 add_user_name 和 user_telnumber；添加 1 个 Button，ID 设置为 ok_add，布局文件内容自己尝试编写，具体可以查看配套资源。

步骤 4：建立"查询"用户界面的 XML 文件 user_search.xml，设置为线性布局，在里面套一个线性布局，线性布局设置为水平方向；加入 1 个 EditText，其 ID 为 search，用来输查询用户的用户名；2 个 Button 按钮，其 ID 分别为 btn_search 和 btn_return，用于搜索和；之后在内嵌的线性布局下面加入 1 个 ListView，其 ID 为 find_list，用来显示查询到的用息。布局文件代码自己尝试编写，具体代码可以查看配套资源。

步骤 5：建立"修改"用户界面的 XML 文件 user_update.xml，设置为线性布局，在里面，两个线性布局，第 1 个内嵌的线性布局中有 2 个组件，一个是 TextView，用来提示要修改名，一个 EditText，其 ID 是 update_name，用来输入用户名；第 2 个内嵌的线性布局，一个 TextView，用来提示要修改的用户的电话号码，一个 EditText，其 ID 是 update_phone，输入用户新的电话号码，接着在第 2 个内嵌的线性布局后面，增加 1 个 Button 按钮，其 ID date_view，用于更新。布局文件代码自己尝试编写，具体代码可以查看配套资源。

步骤 6：建立"删除"用户界面的 XML 文件 user_delete.xml，设置为线性布局，在里面，一个线性布局，内嵌的线性布局中有两个组件，1 个是 TextView，用于提示输入要被删除用户的用户名，1 个 EditText，其 ID 是 delete_search，用于输入用户名，在内嵌的线性布面，增加 1 个 Button 按钮，其 ID 为 delete，用于删除。布局文件代码自己尝试编写，具码可以查看配套资源。

步骤 7：建立 ListView 子项目的布局文件，设置为相对布局，先添加一个 ImageView来存储用户的图像，其 ID 为 user_img；添加一个 TextView，用来存储用户的姓名，其 I user_name，放到 ImageView 的右上角；添加一个 TextView，用来存储用户的电话号码，其为 telnumber，放到 ImageView 的右下角，布局文件代码自己尝试编写，具体代码可以查套资源。

步骤 8：在包下建立 User 类文件，定义 3 个成员变量：用来存储用户图像 ID 值、用名、用户电话；定义成员方法：用来设置 3 个成员变量的值；定义 3 个 Get 方法返回 3 个变量的值。类文件命名为 User.java，代码如下。

```java
public class User {
    private int imgId;
    private String name;
    private String telnumber;
    public User(String name,String telnumber,int imgId){
        this.name = name;
        this.telnumber = telnumber;
        this.imgId = imgId;
    }
    public int getImgId(){
        return imgId;
    }
    public String getName(){
        return name;
    }
    public String getTelnumber(){
        return telnumber;
    }
}
```

步骤 9：在包下建立 UserAdapter 类继承 ArrayAdapter 类，实现用户表中的数据通过器最终在 ListView 中显示出来。

首先建立一个私有成员变量 resourceId，用来存放 ListView 中每一项 item 的布局资其实是定义一个构造方法，其中第 1 个参数，上下文对象；第 2 个参数，ListView 的每一就是 item）的布局资源 ID；第 3 个参数，ListView 的数据源。接着重写 getView 方法，在法中，先获取当前 User 实例，加载布局管理器将 XML 布局转换为 View 对象，在程序中此布局文件的 3 个组件变量与 XML 组件进行关联，将得到的 User 中的数据显示到界面中体代码如下：

```java
public class UserAdapter extends ArrayAdapter<User> {
    private int resourceId;
    public UserAdapter(Context context, int textViewResourceId, List<User> objects){
        super(context,textViewResourceId,objects);
        resourceId = textViewResourceId;
```

```
        }
        @Override
        public View getView(int position, View converView, ViewGroup parent){
            User user = getItem(position);//获取当前 User 实例
            View view = LayoutInflater.from(getContext()).inflate(resourceId,parent,false);
            ImageView userimg = (ImageView) view.findViewById(R.id.user_img);
            TextView username = (TextView) view.findViewById(R.id.user_name);
            TextView telphone = (TextView) view.findViewById(R.id.telnumber);
            userimg.setImageResource(user.getImgId());
            username.setText(user.getName());
            telphone.setText(user.getTelnumber());
            return view;
        }
    }
```

步骤 10：在包下建立 MyDatabaseHelper 类，用来实现库与表的建立操作。
在此类中先建立一个不会被修改的类变量用来存放建表的 SQL 语句，定义一个私有的表
下文环境的变量，建立一个构造方法，将得到的上下文环境赋值给定义的成员变量。在重
onCreate 方法中执行建表的 SQL 操作，并显示"创建成功"的对话框。具体代码如下。

```
public class MyDatabaseHelper extends SQLiteOpenHelper {
    public static final String Create_User_Table = "create table User ("
            + "id integer primary key autoincrement,"
            + "name text,"
            + "telnumber text)";
    private Context mContext;
    public MyDatabaseHelper(Context context,String name,SQLiteDatabase.CursorFactory
ory,int version){
            super(context,name,factory,version);
            mContext = context;
    }
    @Override
    public void onCreate(SQLiteDatabase db) {
        db.execSQL(Create_User_Table);
        Toast.makeText(mContext,"创建成功",Toast.LENGTH_SHORT).show();
    }
    @Override
    public void onUpgrade(SQLiteDatabase sqLiteDatabase, int i, int i1) {
    }
}
```

步骤 11：开始编辑 MainActivity.java 类文件。将此类实现 OnClickListener 接口，建立类
atabaseHelper 的对象 dbHelper，在初始化的方法中，调用 dbHelper.getWritableDatabase()
法实现库及表的建立，通过游标的方式，将表中的用户信息显示到界面的 ListView 中，定
个按钮并与 activity_main 界面文件中的 4 个按钮进行关联，分别定义 4 个按钮的监听器，
按钮点击后界面的跳转，具体代码如下。

```
public class MainActivity extends AppCompatActivity implements View.OnClickListener {
    private MyDatabaseHelper dbHelper;
```

```
private List<User> UserList = new ArrayList<>();
private Button addUser,searchUser,updateUser,deleteUser;
SQLiteDatabase db;
ListView listView;
UserAdapter adapter;
@Override
protected void onCreate(Bundle savedInstanceState) {
    super.onCreate(savedInstanceState);
    setContentView(R.layout.activity_main);
    addUser = (Button) findViewById(R.id.addUser);
    addUser.setOnClickListener(this);
    searchUser = (Button)findViewById(R.id.searchUser);
    searchUser.setOnClickListener(this);
    updateUser = (Button)findViewById(R.id.updateUser);
    updateUser.setOnClickListener(this);
    deleteUser = (Button)findViewById(R.id.deleteUser);
    deleteUser.setOnClickListener(this);
    dbHelper = new MyDatabaseHelper(this, "User.db", null, 1);
    initUser();
    adapter = new UserAdapter(MainActivity.this,R.layout.user_item, UserList);
    listView = (ListView) findViewById(R.id.user_list);
    listView.setAdapter(adapter);
}

    private void initUser() {
      db = dbHelper.getWritableDatabase();
      Cursor cursor = db.query("User", null, null, null, null, null, null);
      if (cursor.moveToFirst()) {
          do {
                String name = cursor.getString(cursor.getColumnIndex("name"));
                String telnumber = cursor.getString(cursor.getColumnIndex("telnumb
                User user = new User(name, telnumber, R.mipmap.ic_launcher);
                UserList.add(user);
          } while (cursor.moveToNext());
      }
    cursor.close();
}

@Override
public void onClick(View view) {
    switch (view.getId()) {
        case R.id.addUser: {
            Intent intent = new Intent(MainActivity.this, AddUserActivity.class);
            startActivity(intent);
            this.finish();
        }
        break;
        case R.id.searchUser:{
            Intent intent2=new Intent(MainActivity.this,SearchUserActivity.class
```

```
                startActivity(intent2);
                this.finish();
            }
            break;
            case R.id.updateUser:{
                Intent intent3=new Intent(MainActivity.this,UpdateUserActivity.class);
                startActivity(intent3);
                this.finish();
            }
            break;
            case R.id.deleteUser:{
                Intent intent4=new Intent(MainActivity.this,DeleteUserActivity.class);
                startActivity(intent4);
                this.finish();

            }
        }
    }
}
```

步骤 12：开始建立增加、查询、修改、删除操作的类文件，其代码如下。

① 增加用户电话类文件 AddUserActivity.java 文件。

```
public class AddUserActivity extends AppCompatActivity implements View.OnClickListener{
    private MyDatabaseHelper dbHelper;
    private EditText username,telnumber;
    private Button ok_add;
    @Override
    protected void onCreate(Bundle savedInstanceState) {
        super.onCreate(savedInstanceState);
        setContentView(R.layout.activity_add_user);
        dbHelper = new MyDatabaseHelper(this,"User.db",null,1);
        username = (EditText) findViewById(R.id.add_user_name);
        telnumber = (EditText) findViewById(R.id.add_user_telnumber);
        ok_add = (Button) findViewById(R.id.ok_add);
        ok_add.setOnClickListener(this);
    }
    @Override
    public void onClick(View view) {
        switch (view.getId()){
            case R.id.ok_add:{
                String name = username.getText().toString();
                String tel_number = telnumber.getText().toString();
                if(name == null || tel_number == null){
                    Toast.makeText(this,"用户名和电话不能为空！",Toast.LENGTH_
ORT).show();
                }else{
                    SQLiteDatabase db = dbHelper.getWritableDatabase();
```

```
                                ContentValues values = new ContentValues();
                                values.put("name",name);
                                values.put("telnumber",tel_number);
                                db.insert("User",null,values);
                                values.clear();
                                Toast.makeText(this,"添加成功!",Toast.LENGTH_SHORT).show()
                            Intent intent = new Intent(AddUserActivity.this,MainActivity.class);
                                startActivity(intent);
                                this.finish();
                            }
                        }
                    }
                }
            }
```

② 查询用户电话号码的类文件 SearchUserActivity.java。

```
public class SearchUserActivity extends AppCompatActivity implements View.OnClickListene
    EditText edit1;
    Button search,back;
    private MyDatabaseHelper dbHelper;
    private List<User> UserList = new ArrayList<>();
    @Override
    protected void onCreate(Bundle savedInstanceState) {
        super.onCreate(savedInstanceState);
        setContentView(R.layout.user_search);
        edit1 = (EditText) findViewById(R.id.search);
        dbHelper = new MyDatabaseHelper(this, "User.db", null, 1);
        search = (Button) findViewById(R.id.btn_search);
        search.setOnClickListener(this);
        back = (Button)findViewById(R.id.btn_return);
        back.setOnClickListener(this);
    }
    @Override
    public void onClick(View view) {
        switch(view.getId()){
            case R.id.btn_search:
                SQLiteDatabase db = dbHelper.getWritableDatabase();
                String username = edit1.getText().toString();
                System.out.println(username);
                Cursor cursor = db.query("User", new String[]{"name,telnumber"},
"name=?", new String[]{username}, null, null, null);
                if (cursor.moveToFirst()) {
                    do {
                        String name = cursor.getString(cursor.getColumnIndex("name"));
                        String telnumber = cursor.getString(cursor.getColumnIndex("telnumbe
                        User user = new User(name, telnumber, R.mipmap.ic_launch
```

```
                              UserList.add(user);
                          } while (cursor.moveToNext());
                      }
                      else
                          Toast.makeText(SearchUserActivity.this, "没有符合的记录", Toast.
NGTH_LONG).show();
                          UserAdapter adapter = new UserAdapter(SearchUserActivity.this,
yout.user_item, UserList);
                          ListView listView = (ListView) findViewById(R.id.find_list);
                          listView.setAdapter(adapter);
                      break;
                  case R.id.btn_return:
                      Intent intent = new Intent(SearchUserActivity.this,MainActivity.class);
                      startActivity(intent);
                      this.finish();
                      break;      }
              }
          }
```

③ 修改用户类文件 UpdateUserActivity.java。

```
public class UpdateUserActivity extends AppCompatActivity implements View.OnClickListener {
    Button btn_update;
    EditText update_name, update_phone;
    private MyDatabaseHelper dbHelper;
    @Override
    protected void onCreate(Bundle savedInstanceState) {
        super.onCreate(savedInstanceState);
        setContentView(R.layout.user_update);
        dbHelper = new MyDatabaseHelper(this, "User.db", null, 1);
        update_name = (EditText) findViewById(R.id.update_name);
        update_phone = (EditText) findViewById(R.id.update_phone);
        btn_update = (Button) findViewById(R.id.update_view);
        btn_update.setOnClickListener(this);
    }
    @Override
    public void onClick(View view) {
        String name = update_name.getText().toString();
        String phone = update_phone.getText().toString();
        SQLiteDatabase db = dbHelper.getWritableDatabase();
        ContentValues values = new ContentValues();
        values.put("telnumber", phone);
        int num = db.update("User", values, "name=?", new String[]{name});
        if (num > 0) {
            Toast.makeText(UpdateUserActivity.this, "修改成功", Toast.LENGTH_
RT).show();
        }
        Intent intent = new Intent(UpdateUserActivity.this,MainActivity.class);
```

```
                    startActivity(intent);
                    this.finish();
                }
            }
```

④ 删除用户类文件 DeleteUserActivity.java。

```
public class DeleteUserActivity extends AppCompatActivity implements View.OnClickListener
    private MyDatabaseHelper dbHelper;
    Button delete;
    EditText delete_search;
    SQLiteDatabase db;
    @Override
    protected void onCreate(Bundle savedInstanceState)
    {
        super.onCreate(savedInstanceState);
        setContentView(R.layout.user_delete);
        dbHelper = new MyDatabaseHelper(this, "User.db", null, 1);
        delete = (Button)findViewById(R.id.delete);
        delete_search = (EditText)findViewById(R.id.delete_search);
        delete.setOnClickListener(this);
    }

    @Override
    public void onClick(View view) {
        db = dbHelper.getWritableDatabase();
        String name = delete_search.getText().toString();
        int result=db.delete("User","name=?",new String[]{name});
        if (result > 0) {
            Toast.makeText(DeleteUserActivity.this, "删除成功", Toast.LENGTH
SHORT).show();

            Intent intent = new Intent(DeleteUserActivity.this,MainActivity.clas
            startActivity(intent);
            this.finish();
        }
        else
        {
            Toast.makeText(DeleteUserActivity.this, "通讯录中无此人，请重新输入
删除的人员姓名", Toast.LENGTH_SHORT).show();
        }
    }
}
```

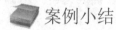 案例小结

本案例主要学习了以下几种存储方式。

① 通过 SharedPreferences 进行简单的用户信息的存储，它是一种轻量级的存储方式，使便，但也有它适用的场景。要想合理使用 SharedPreferences，要注意以下几点。

- 不要存放大的 key 和 value，会引起界面卡、频繁 GC、占用内存等。
- 毫不相关的配置项不要"丢"在一起，文件越大读取越慢。
- 读取频繁的 key 和不易变动的 key 尽量不要放在一起，会影响速度（如果整个文件很小，那么请忽略，为了这点性能添加维护成本得不偿失）。
- 不要随便 edit 和 apply，尽量批量修改，一次提交。
- 尽量不要存放 json 和 html，这种场景直接使用 json。
- 不能进行跨进程通信。

② 通过 Java 提供了一套完整的输入/输出流，利用 Android 程序对硬盘或网络中的文件读写的操作，学会了文件输入流与文件输出流的相关操作。

③ 主要学习了 Android 对 SD 卡的相关操作，让读者对操作 SD 卡有一个深刻的了解。

④ 学习了 SQLite 的相关操作，让读者掌握 SQL 语句中最主要的增删改查操作，以及 Lite 数据库和 ListView 控件的相关知识，最终能够将所获得的数据利用数据库进行存储理。

案例 **7**

Android 国家档案馆

学习目标

【知识目标】

➢ 掌握内容提供者的创建。

➢ 学会使用内容观察者观察其他程序的数据变化。

【能力目标】

➢ 能够使用内容提供者操作数据。

➢ 能够了解内容观察者的使用。

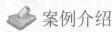 案例介绍

一般来说，应用的私有数据是不允许其他应用访问的，而 ContentProvider 的作用就是把应用的私有数据暴露给其他应用访问。使用 ContentProvider 可以自己定义访问规则，选择把私有数据暴露出去，哪些不暴露。也就是说内容提供者组件通过请求从一个应用程序向其他应用程序提供数据。这些请求由类 ContentResolver 的方法来处理。内容提供者可以使用不同的方式来存储数据。数据可以存放在数据库、文件，甚至是网络，如图 7-1 所示。

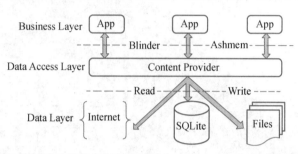

图 7-1
内容提供者

有时候需要在应用程序之间共享数据。这时内容提供者变得非常有用。

内容提供者可以让内容集中，必要时可以允许多个不同的应用程序来访问。内容提供者行为和数据库很像。可以查询、编辑它的内容，使用 insert()、update()、delete() 和 query() 增加或者删除内容。多数情况下数据存储在 SQLite 数据库。

内容提供者被实现为类 ContentProvider 类的子类。需要实现一系列标准的 API，以供其他的应用程序来执行事务。

内容提供者可以处理这么多数据，可以形象地比喻它们为国家档案馆，如图 7-2 所示。

我是Android王国的国家档案馆，我负责存储数据，并允许有需要的应用程序访问这些数据

图 7-2
内容提供者比喻为国家档案馆

7.1 Android 内容提供者

微课 7-1
Android 内容提供
者简介

7.1.1 内容提供者概述

ContentProvider，内容提供者。它是一个类，这个类主要是对 Android 系统中进行共享数据进行包装，并提供了一组统一的访问接口供其他程序调用。这些被共享的数据，可以是系统自己的也可以是个人应用程序中的数据。

ContentProvider 可以理解为一个 Android 应用对外开放的接口，只要是符合它所定义的各式的请求，均可以正常访问执行操作。其他的 Android 应用可以使用 ContentResolver 对过与 ContentProvider 同名的方法请求执行，被执行的就是 ContentProvider 中的同名方法。ContentProvider 很多对外可以访问的方法，在 ContentResolver 中均有同名的方法，是一一对应的，如图 7-3 所示。

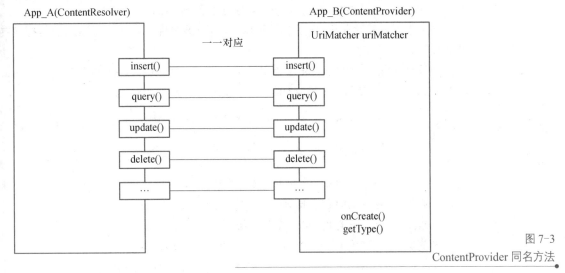

图 7-3
ContentProvider 同名方法

Android 附带了许多有用的 ContentProvider，Android 中自带的 ContentProvider 如下。

- Browser：存储浏览器的信息。
- CallLog：存储通话记录等信息。
- Contacts Provider：存储联系人（通讯录）等信息。
- MediaStore：存储媒体文件的信息。
- Settings：存储设备的设置和首选项信息。

此外，还有日历等。

因此，内容提供者是指：

ContentProvider 将应用中的数据对其他应用进行共享，提供增删改查的方法。

ContentProvider 统一了数据的访问方式，不必针对不同数据类型采取不同的访问策略。

ContentProvider 将数据封装，只暴露出希望提供给其他程序的数据。

ContentProvider 中可以注册观察者，监听数据的变化。

.2 URI 简介

URI（Uniform Resource Identifier）统一资源定位符，在内容提供者中 URI 代表了要操作据，URI 主要包含了两部分信息：一部分是需要操作的 ContentProvider，另一部分是对entProvider 中的什么数据进行操作，一个 URI 由以下几部分组成，如图 7-4 所示。

图 7-4
URI 组成

ContentProvider（内容提供者）的 scheme 已经由 Android 规定，scheme 为 content://。

主机名（或叫 Authority）用于唯一标识这个 ContentProvider，外部调用者可以根据这个标识来找到它。

路径（Path）可以用来表示要操作的数据，路径的构建应根据业务而定，具体如下。

- 要操作 person 表中 ID 为 10 的记录，可以构建这样的路径：/person/10。
- 要操作 person 表中 ID 为 10 的记录的 name 字段，可以构建这样的路径：person/10/n
- 要操作 person 表中的所有记录，可以构建这样的路径：/person。
- 要操作 xxx 表中的记录，可以构建这样的路径：/xxx。

当然要操作的数据不一定来自数据库，也可以是文件、XML 或网络等其他存储方
具体如下。

要操作 XML 文件中 person 节点下的 name 节点，可以构建这样的路径：/person/nam

如果要把一个字符串转换成 URI，可以使用 URI 类中的 parse()方法，具体如下。

```
Uri uri = Uri.parse("content://com.ljq.provider.personprovider/person")
```

7.1.3 UriMatcher 类使用介绍

URI 代表了要操作的数据，因此经常需要解析 URI，并从 URI 中获取数据。Android
提供了两个用于操作 URI 的工具类，分别为 UriMatcher 和 ContentUris。

UriMatcher 类用于匹配 URI，其用法如下。

首先第一步把需要匹配 URI 路径全部注册上，具体如下。

```
//常量 UriMatcher.NO_MATCH 表示不匹配任何路径的返回码
UriMatcher sMatcher = new UriMatcher(UriMatcher.NO_MATCH);
//如果 match()方法匹配 content://cn.xxt.provider.personprovider/person 路径，返回匹配码
sMatcher.addURI("cn.xxt.provider.personprovider", "person", 1);//添加需要匹配 URI，如:
配就会返回匹配码
//如果 match()方法匹配 content://cn.xxt.provider.personprovider/person/230 路径，返回匹配
为 2
sMatcher.addURI("cn.xxt.provider.personprovider", "person/#", 2);//#号为通配符
switch (sMatcher.match(Uri.parse("content://cn.xxt.provider.person-
provider/person/10"))) {
    case 1
     break;
    case 2
     break;
    default://不匹配
     break;
}
```

注册完需要匹配的 URI 后，就可以使用 sMatcher.match(uri)方法对输入的 URI 进行匹
如果匹配就返回匹配码，匹配码是调用 addURI()方法传入的第 3 个参数，假设
content://cn.xxt.provider.personprovider/person 路径，返回的匹配码为 1。

7.1.4 ContentUris 类使用介绍

ContentUris 类用于获取 URI 路径后面的 ID 部分，它有两个比较实用的方法。

① withAppendedId(uri, id)用于为路径加上 ID 部分。

```
Uri uri = Uri.parse("content://cn.xxt.provider.personprovider/person")
```

> Uri resultUri = ContentUris.withAppendedId(uri, 10);
> //生成后的 Uri 为：content://cn.xxt.provider.personprovider/person/10

② parseId(uri)方法用于从路径中获取 ID 部分。

> Uri uri = Uri.parse("content://cn.xxt.provider.personprovider/person/10")
> long personid = ContentUris.parseId(uri);//获取的结果为:10

.5 内容提供者的小案例

通过一个小案例理解内容提供者，如图 7-5 所示。

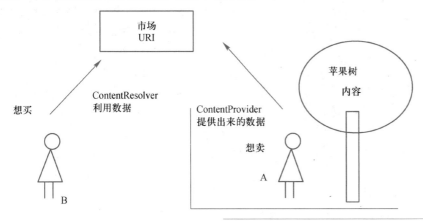

图 7-5
内容提供者形象小案例

内容当做是一个苹果树，A 是苹果树的拥有者，如果 B 想要就需要拿钱去买。但是前提
想卖，B 才能买。买卖交换就要有市场。简单点说就是其他应用拿数据，需要一个桥梁这
现了内容提供者。

Uri 就是这个桥梁，想利用好内容提供者就要知道 Uri，Uri 代表了要操作的数据。

例如，假设用户想去百度获取信息，首先得去百度网站，那也就是到百度的界面。同理，
用要拿到 A 应用的网站就要去 A 的网站。

.6 ContentProvider 的作用

ContentProvider 作用可以用如图 7-6 表示出来。

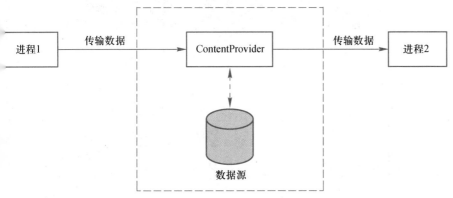

注：
1.ContentProvider=中间者角色(搬运工)，真正存储&操作数据的数据源还是原来存
储数据的方式(如数据库、文件、XML 或网络)。
2.数据源可以是数据库(如 SQLite)、文件、XML、网络等。

图 7-6
ContentProvider 作用

7.2 Android 内容提供者的创建与使用

7.2.1 创建内容提供者

创建内容提供者的简单步骤如下。

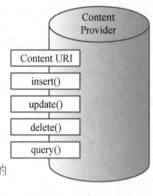

图 7-7
内容提供者需重写的
方法

① 需要继承类 ContentProviderbase 来创建一<容提供者类。

② 需要定义用于访问内容的内容提供者 URI 地

③ 需要创建数据库来保存内容。通常，Androi用 SQLite 数据库，并在框架中重写 onCreate() 方法用 SQLiteOpenHelper 的方法创建或者打开提供者的库。当用户应用程序被启动，它的每个内容提供onCreate() 方法将在应用程序主线程中被调用。

④ 使用<provider.../>标签在 AndroidManifest.xn注册内容提供者。

如图 7-7 所示，要让内容提供者正常工作，需要

ContentProvider 中重写以下方法。

- onCreate()：当提供者被启动时调用。
- query()：该方法从客户端接受请求。结果是返回指针（Cursor）对象。
- insert()：该方法向内容提供者插入新的记录。
- delete()：该方法从内容提供者中删除已存在的记录。
- update()：该方法更新内容提供者中已存在的记录。
- getType()：该方法为给定的 URI 返回元数据类型。

7.2.2 Android 内容提供者的创建与使用案例

微课 7-2
Android 内容提供者
的创建与使用案例

完成学生姓名和班级信息的存储和查询工作，界面如图 7-8 所示。

图 7-8
内容提供者实例启动界面

当输入学生的姓名和年级后，点击"添加"按钮，会出现弹出框显示数据插入的位置

9 所示。

图 7-9
添加学生界面

当输入学生姓名后，点击"查询"按钮后，会出现弹出框显示这个学生的信息，如图 7-10

图 7-10
查询界面

具体实现如下。

步骤 1：修改 res/layout/activity_main.xml 文件的默认内容，将布局修改为线性布局，包含学生记录的简单界面，布局文件代码读者自行完成（参考代码在配套资源包中）。

步骤 2：修改主要活动文件 MainActivity.java 来添加两个新的方法 onClickAddName() 和 onClickRetrieveStudents()，实现两个按键的点击事件，文件内容如下。

```java
public class MainActivity extends AppCompatActivity {
    EditText xingming;
    @Override
    protected void onCreate(Bundle savedInstanceState) {
        super.onCreate(savedInstanceState);
        setContentView(R.layout.activity_main);
        xingming=(EditText)findViewById(R.id.editText2);
    }
    public void onClickAddName(View view) {
        // Add a new student record
```

```
                    ContentValues values = new ContentValues();
values.put(StudentsProvider.NAME,((EditText)findViewById(R.id.editTe-xt2)).getText().toString());
values.put(StudentsProvider.GRADE,((EditText)findViewById(R.id.editText3)).getText().toString());
                    Uri uri = getContentResolver().insert(StudentsProvider.CONTENT_URI, values);
                    Toast.makeText(getBaseContext(),uri.toString(), Toast.LENGTH_LONG).show();
                }
                public void onClickRetrieveStudents(View view) {
                    // Retrieve student records
                    String name1=xingming.getText().toString();
                    String URL = "content://com.example.provider.College/students";
                    Uri students = Uri.parse(URL);
                    Cursor c = managedQuery(students, null, null, null, "name");
                      if (c.moveToFirst()) {
                        do
                        {
                            String all=c.getString(c.getColumnIndex(StudentsProvider._ID)) +

                                 ", " +  c.getString(c.getColumnIndex(StudentsProvider.NAM
                                 ", " + c.getString(c.getColumnIndex(StudentsProvider.GRA
                            String k=c.getString(c.getColumnIndex(StudentsProvider.NAME));
                            if(k.equals(name1))
                            Toast.makeText(this,all,Toast.LENGTH_SHORT).show();
                        } while (c.moveToNext());
                    }
                }
            }
```

步骤 3：在包 com.first.contentprovider 下创建新的 Java 文件 StudentsProvider.java，采实际的提供者，并关联方法，内容如下。

```
public class StudentsProvider extends ContentProvider {
    static final String PROVIDER_NAME = "com.example.provider.College";
    static final String URL = "content://" + PROVIDER_NAME + "/students";
    static final Uri CONTENT_URI = Uri.parse(URL);
    static final String _ID = "_id";
    static final String NAME = "name";
    static final String GRADE = "grade";
    private static HashMap<String, String> STUDENTS_PROJECTION_MAP;
    static final int STUDENTS = 1;
    static final int STUDENT_ID = 2;
    static final UriMatcher uriMatcher;
    static{
        uriMatcher = new UriMatcher(UriMatcher.NO_MATCH);
        uriMatcher.addURI(PROVIDER_NAME, "students", STUDENTS);
        uriMatcher.addURI(PROVIDER_NAME, "students/#", STUDENT_ID);
    }
    /**
     * 数据库特定常量声明
     */
```

```java
private SQLiteDatabase db;
static final String DATABASE_NAME = "College";
static final String STUDENTS_TABLE_NAME = "students";
static final int DATABASE_VERSION = 1;
static final String CREATE_DB_TABLE =
        " CREATE TABLE " + STUDENTS_TABLE_NAME +
                " (_id INTEGER PRIMARY KEY AUTOINCREMENT, " +
                " name TEXT NOT NULL, " +
                " grade TEXT NOT NULL);";

/**
 * 创建和管理提供者内部数据源的帮助类
 */
private static class DatabaseHelper extends SQLiteOpenHelper {
    DatabaseHelper(Context context){
        super(context, DATABASE_NAME, null, DATABASE_VERSION);
    }
    @Override
    public void onCreate(SQLiteDatabase db)
    {
        db.execSQL(CREATE_DB_TABLE);
    }
    @Override
    public void onUpgrade(SQLiteDatabase db, int oldVersion, int newVersion) {
        db.execSQL("DROP TABLE IF EXISTS " + STUDENTS_TABLE_NAME);
        onCreate(db);
    }
}
@Override
public boolean onCreate() {
    Context context = getContext();
    DatabaseHelper dbHelper = new DatabaseHelper(context);
    /**
     * 如果不存在，则创建一个可写的数据库
     */
    db = dbHelper.getWritableDatabase();
    return (db == null)? false:true;
}

@Override
public Uri insert(Uri uri, ContentValues values) {
    /**
     * 添加新学生记录
     */
    long rowID = db.insert( STUDENTS_TABLE_NAME, "", values);

    /**
     * 如果记录添加成功
```

```
                */
                if (rowID > 0)
                {
                    Uri _uri = ContentUris.withAppendedId(CONTENT_URI, rowID);
                    getContext().getContentResolver().notifyChange(_uri, null);
                    return _uri;
                }

                throw new SQLException("Failed to add a record into " + uri);
        }

        @Override
        public Cursor query(Uri uri, String[] projection, String selection,String[] selectionArg
    String sortOrder) {
                SQLiteQueryBuilder qb = new SQLiteQueryBuilder();
                qb.setTables(STUDENTS_TABLE_NAME);

                switch (uriMatcher.match(uri)) {
                    case STUDENTS:
                        qb.setProjectionMap(STUDENTS_PROJECTION_MAP);
                        break;
                    case STUDENT_ID:
                        qb.appendWhere(_ID + "=" + uri.getPathSegments().get(1));
                        break;
                    default:
                        throw new IllegalArgumentException("Unknown URI " + uri);
                }
                if (sortOrder == null || sortOrder == ""){
                    /**
                     * 默认按照学生姓名排序
                     */
                    sortOrder = NAME;
                }
                Cursor c = qb.query(db, projection, selection, selectionArgs,null, null, sortOrde
                /**
                 * 注册内容 URI 变化的监听器
                 */
                c.setNotificationUri(getContext().getContentResolver(), uri);
                return c;
        }

        @Override
        public int delete(Uri uri, String selection, String[] selectionArgs) {
                int count = 0;
                switch (uriMatcher.match(uri)){
                    case STUDENTS:
                        count = db.delete(STUDENTS_TABLE_NAME, selection,selection
                        break;
```

```
                    case STUDENT_ID:
                        String id = uri.getPathSegments().get(1);
                        count = db.delete( STUDENTS_TABLE_NAME, _ID +   " = " + id +(!Text
Us.isEmpty(selection) ? " AND (" + selection + ')' : ""),   selectionArgs);
                        break;
                    default:
                        throw new IllegalArgumentException("Unknown URI " + uri);
                }
                getContext().getContentResolver().notifyChange(uri, null);
                return count;
        }
        @Override
        public int update(Uri uri, ContentValues values, String selection, String[] selectionArgs) {
            int count = 0;
            switch (uriMatcher.match(uri)){
                case STUDENTS:
                    count = db.update(STUDENTS_TABLE_NAME, values, selection, selectionArgs);
                    break;
                case STUDENT_ID:
                    count = db.update(STUDENTS_TABLE_NAME, values, _ID + " = " +
getPathSegments().get(1) +(!TextUtils.isEmpty(selection) ? " AND (" +selection + ')' : ""),   selectionArgs);
                    break;
                default:
                    throw new IllegalArgumentException("Unknown URI " + uri );
                }
                getContext().getContentResolver().notifyChange(uri, null);
                return count;
        }
        @Override
        public String getType(Uri uri) {
            switch (uriMatcher.match(uri)){
                /**
                 * 获取所有学生记录
                 */
                case STUDENTS:
                    return "vnd.android.cursor.dir/vnd.example.students";
                /**
                 * 获取一个特定的学生
                 */
                case STUDENT_ID:
                    return "vnd.android.cursor.item/vnd.example.students/STUDENT_ID";
                default:
                    throw new IllegalArgumentException("Unsupported URI: " + uri);
```

```
            }
        }
    }
```

步骤 4：使用<provider.../>标签在 AndroidManifest.xml 中注册内容提供者。

```
<provider
    android:name=".StudentsProvider"
    android:authorities="com.example.jsjx.contentprovider_1"
    android:enabled="true"
    android:exported="true">
</provider>
```

步骤 5：打开模拟器运行试看一下运行结果并调试。

7.3 Android 内容观察者的创建与使用

7.3.1 内容观察者概述

微课 7-3
Android 内容观察
者简介

内容观察者（ContentObserver）是用来观察 URI 所代表的数据，当 ContentObse
观察到指定 URI 代表的数据发生变化时，就会触发 ContentObserver 的 onChange()方
此时在 onChange()方法里使用 ContentResolver 可以查询到变化的数据。举例如图
所示。

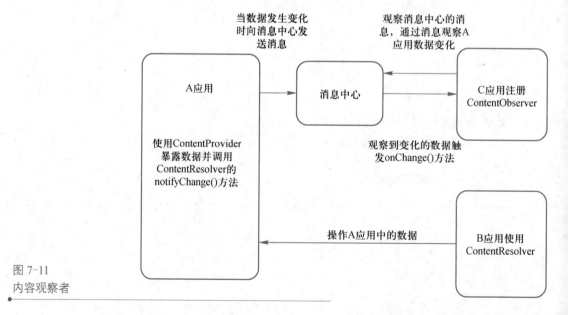

图 7-11
内容观察者

如图 7-11 所示，使用 ContentObserver 观察 A 应用的数据时，首先要在 A 应
ContentProvider 中调用 ContentResolver 的 notifyChange()方法。调用了这个方法之后当数
生变化时，它就会向"消息中心"发送数据变化的消息。然后 C 应用观察到"消息中心"

化时，就会触发 ContentObserver 的 onChange() 方法。

3.2　注册/取消注册 ContentObserver 方法

（1）抽象类 ContentResolver 类中的方法

> public final void registerContentObserver(Uri uri, boolean notifyForDescendents,
> tentObserver observer)

功能：为指定的 URI 注册一个 ContentObserver 派生类实例，当给定的 URI 发生改变时，
该实例对象去处理。

参数：

uri，需要观察的 URI（需要在 UriMatcher 中注册，否则该 URI 也没有意义了）。

notifyForDescendents，为 false 时表示精确匹配，即只匹配该 URI，为 true 时表示可以同
配其派生的 URI，举例如下。

假设 UriMatcher 里注册的 URI 共有以下类型。

① content://com.qin.cb/student（学生）。

② content://com.qin.cb/student/#。

③ content://com.qin.cb/student/schoolchild（小学生，派生的 URI）。

假设当前需要观察的 URI 为 content://com.qin.cb/student，如果发生数据变化的 URI 为
ent://com.qin.cb/student/schoolchild，当 notifyForDescendents 为 false，那么该 ContentObserver
听不到，但是当 notifyForDescendents 为 true，能捕捉该 URI 的数据库变化。

observer，ContentObserver 的派生类实例。

（2）public final void unregisterContentObserver(ContentObserver observer)

功能：取消对给定 URI 的观察。

参数：　observer ContentObserver 的派生类实例。

3.3　ContentObserver 类介绍

构造方法　public void ContentObserver(Handler handler)

说明：所有 ContentObserver 的派生类都需要调用该构造方法。

参数：handler Handler 对象。可以是主线程 Handler（这时候可以更新 UI 了），也可以是
Handler 对象。

常用方法：

① void onChange(boolean selfChange)

功能：当观察到的 URI 发生变化时，回调该方法去处理。所有 ContentObserver 的派生类
要重载该方法去处理逻辑。

参数：selfChange　回调后，其值一般为 false，该参数意义不大。

另外两个方法，用处不大，读者可以自行查询相关资料。

② boolean deliverSelfNotifications()。

说明：Returns true if this observer is interested in notifications for changes made through the
r the observer is registered with.

③ final void dispatchChange(boolean selfChange)。

7.3.4　观察特定 URI 的步骤

观察特定 URI 的步骤如下。

① 创建特定的 ContentObserver 派生类，必须重载父类构造方法，必须重载 onChar
方法去处理回调后的功能实现。

② 利用 context.getContentResolver()获得 ContentResolve 对象，接着调用 registerCon
Observer()方法去注册内容观察者。

③ 由于 ContentObserver 的生命周期不同步于 Activity 和 Service 等，因此，在不需要
需要手动调用 unregisterContentObserver()取消注册。

微课 7-4
Android 内容观察
者案例

7.3.5　内容观察者案例

实现监测手机短信和是否启动飞行模式。刚启动时显示如图 7-12 所示。当打开飞行
时，显示如图 7-13 所示。

图 7-12
观察者程序首界面

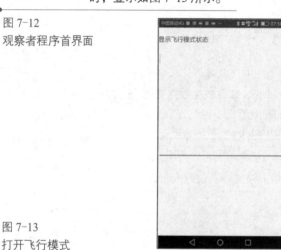

图 7-13
打开飞行模式

当有短信接收时会提示是否允许读取短信内容，如图 7-14 所示，这里选择"允许"。
设置完成后，出现如图 7-15 所示的界面，在界面中短信被读取出来。

图 7-14
读取短信权限设置

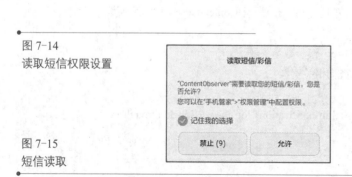

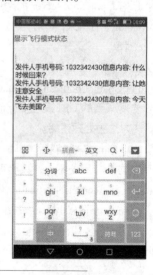

图 7-15
短信读取

具体内容如下。

步骤 1：新建一个 Android 工程，命名为 ContentObserver。

步骤 2：在 layout 下添加一个使用线性布局的布局文件 main.xml，添加一个 TextView 与
个 EditText 组件，分别用来显示是否是飞行模式和短信，如图 7-16 所示。

图 7-16
main.xml 界面

布局代码自行完成（参考代码请见电子资源）。

步骤 3：完成 MainActivity.java 程序，实现内容观察者的注册和监听。

```
public class MainActivity extends Activity {
    private TextView tvAirplane;
    private EditText etSmsoutbox;
    // Message 类型值
    private static final int MSG_AIRPLANE = 1;
    private static final int MSG_OUTBOXCONTENT = 2;
    private AirplaneContentObserver airplaneCO;
    private SMSContentObserver smsContentObserver;
    /** Called when the activity is first created. */
    @Override
    public void onCreate(Bundle savedInstanceState) {
        super.onCreate(savedInstanceState);
        setContentView(R.layout.main);
        tvAirplane = (TextView) findViewById(R.id.tvAirplane);
        etSmsoutbox = (EditText) findViewById(R.id.smsoutboxContent);
        // 创建两个对象
        airplaneCO = new AirplaneContentObserver(this, mHandler);
        smsContentObserver = new SMSContentObserver(this, mHandler);
        //注册内容观察者
        registerContentObservers();
    }
    private void registerContentObservers() {
        // 通过调用 getUriFor 方法获得 system 表里的 "飞行模式" 所在行的 URI
        Uri airplaneUri = Settings.System.getUriFor(Settings.System.AIRPLANE_MODE_ON);
        // 注册内容观察者
```

```
                         getContentResolver().registerContentObserver(airplaneUri, false, airplaneCO);
                         // "表"内容观察者, 通过测试发现只能监听此 URI -----> content://sms
                         // 监听不到其他的 URI, 如 content://sms/outbox
                         Uri smsUri = Uri.parse("content://sms");
                         getContentResolver().registerContentObserver(smsUri, true,smsContentObserve
                     }
                     private Handler mHandler = new Handler() {
                         public void handleMessage(Message msg) {
                             Systcm.out.println("---mHandler----");
                             switch (msg.what) {
                                 case MSG_AIRPLANE:
                                     int isAirplaneOpen = (Integer) msg.obj;
                                     if (isAirplaneOpen != 0)
                                         tvAirplane.setText("飞行模式已打开");
                                     else if (isAirplaneOpen == 0)
                                         tvAirplane.setText("飞行模式已关闭");
                                     break;
                                 case MSG_OUTBOXCONTENT:
                                     String outbox = (String) msg.obj;
                                     etSmsoutbox.setText(outbox);
                                     break;
                                 default:
                                     break;
                             }
                         }
                     };
                 }
```

步骤 4: 右击 com.first.contentobserver 包, 在弹出的快捷菜单中选择 new→java c
命令创建 AirplaneContentObserver.java 文件, 观察 system 表中飞行模式所在行是否发生
化。代码如下。

```
//用来观察 system 表里飞行模式所在行是否发生变化, "行"内容观察者
public class AirplaneContentObserver extends ContentObserver {
    private static String TAG = "AirplaneContentObserver";
    private static int MSG_AIRPLANE = 1;
    private Context mContext;
    private Handler mHandler;    //此 Handler 用来更新 UI 线程
    public AirplaneContentObserver(Context context, Handler handler) {
        super(handler);
        mContext = context;
        mHandler = handler;
    }
    /**
     * 当所监听的 URI 发生改变时, 就会回调此方法
     *
     * @param selfChange, 此值意义不大
     */
```

```
        @Override
        public void onChange(boolean selfChange) {
            Log.i(TAG, "-------------the airplane mode has changed------------");
            // 系统是否处于飞行模式下
            try {
                int isAirplaneOpen = Settings.System.getInt(mContext.getContentResolver(),Settings.
System.AIRPLANE_MODE_ON);
                Log.i(TAG, " isAirplaneOpen -----> " +isAirplaneOpen);
                mHandler.obtainMessage(MSG_AIRPLANE,isAirplaneOpen).sendToTarget();
            }
            catch (SettingNotFoundException e) {
                // TODO Auto-generated catch block
                e.printStackTrace();
            }
        }
    }
```

步骤 5：新建 SMSContentObserver.java 文件，用来观察系统里短消息的数据库变化
"表"内容观察者，只要信息数据库发生变化，都会触发该 ContentObserver 派生类，代
码如下。

```
    //用来观察系统里短消息的数据库变化"表"内容观察者，只要信息数据库发生变化，都会
触发该 ContentObserver 派生类
    public class SMSContentObserver extends ContentObserver {
        private static String TAG = "SMSContentObserver";
        private int MSG_OUTBOXCONTENT = 2;
        private Context mContext;
        private Handler mHandler;      //更新 UI 线程
        public SMSContentObserver(Context context,Handler handler) {
            super(handler);
            mContext = context;
            mHandler = handler;
        }
        /**
         * 当所监听的 Uri 发生改变时，就会回调此方法
         *
         * @param selfChange，此值意义不大
         */
        @Override
        public void onChange(boolean selfChange){
            Log.i(TAG, "the sms table has changed");
            //查询发件箱中的内容
            Uri outSMSUri = Uri.parse("content://sms/sent");
            Cursor c = mContext.getContentResolver().query(outSMSUri, null, null, null,"date desc");
```

```
                                        if(c != null){
                                            Log.i(TAG, "the number of send is"+c.getCount());
                                            StringBuilder sb = new StringBuilder();
                                            //循环遍历
                                            while(c.moveToNext()){
                                                sb.append("发件人手机号码: "+c.getInt(c.getColumnIndex("address")))
                                                    .append("信息内容: "+c.getString(c.getColumnIndex("body")))
                                                    .append("\n");
                                            }
                                            c.close();
                                            mHandler.obtainMessage(MSG_OUTBOXCONTENT, sb.toString()).sendToTarget
                                        }
                                    }
                                }
```

步骤 6：在 AndroidManifest.xml 中输入如下语句，允许程序读取短信息（Allows an applica to read SMS messages）。

```
<uses-permission android:name="android.permission.READ_SMS"></usespermission>
```

至此，程序完成，运行之后自己看看结果。

7.4　Android 国家档案馆综合案例

微课 7-5
Android 国家档案馆
综合案例

本案例将完成在手机中显示和添加联系人的操作，起始界面如图 7-17 所示。此案例记代码见代码案例 7 综合案例，代码文档参见配套资源。这里仅列出主要步骤代码。

点击"显示和添加联系人"右侧的添加联系人，如图 7-18 所示。

图 7-17
显示和添加联系人
首界面

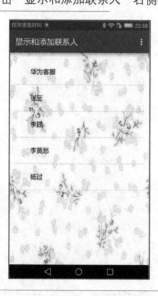

图 7-18
添加联系人

点击"添加联系人"后，出现如图 7-19 所示，提示添加联系人成功。

具体内容如下。

步骤 1：新建一个 Android 工程，命名为 ContentZongHe。

步骤 2：准备背景图片 background.jpg，复制到 res 下的 mipmap 目录，如图 7-20
示。

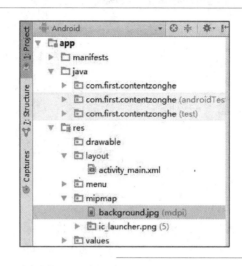

图 7-19
添加联系人成功

图 7-20
准备背景图片

步骤 3：在 layout 下修改布局文件 activity_main.xml，将其改变为线性布局，并添加
View 组件。

步骤 4：添加 Menu 目录，右击包名，在弹出的快捷菜单中选择 New→Android resource
tory 命令，如图 7-21 所示。

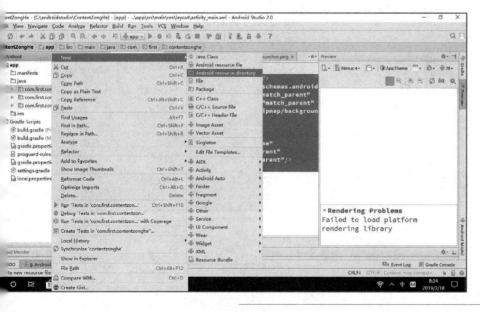

图 7-21
添加 menu 目录

在弹出对话框中的 Resource type 中选择 menu 选项，如图 7-22 所示，单击 OK 按钮
。

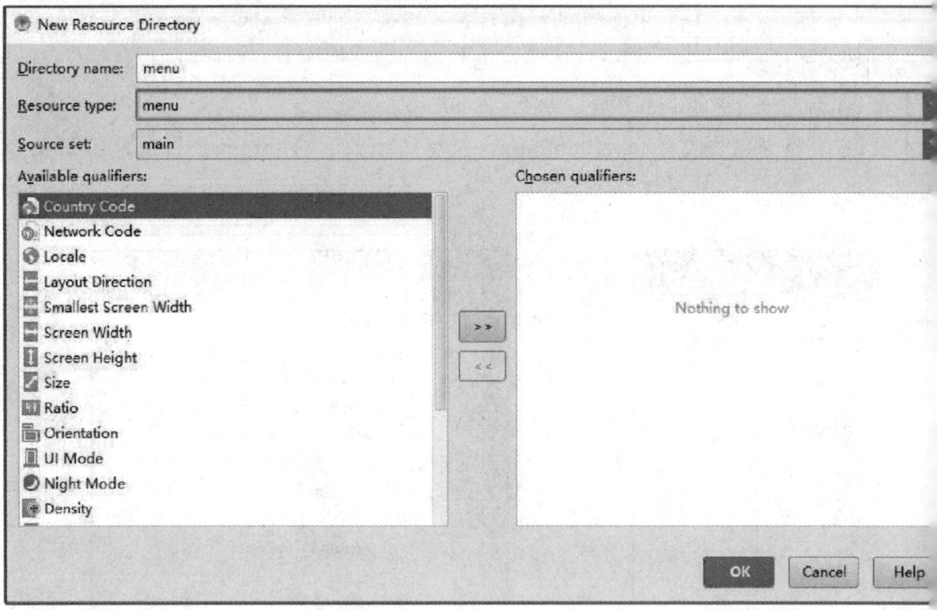

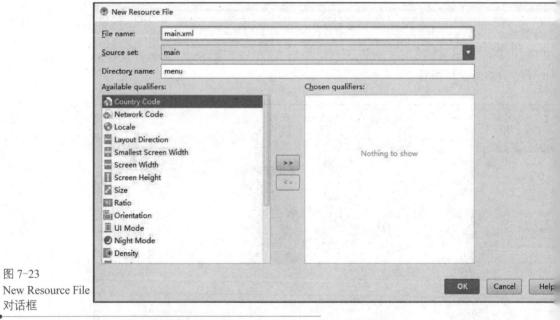

图 7-22
选择 Resource type
为 menu

步骤 5：右击 menu 目录，在弹出的快捷菜单中选择 New→Menu Resource File 命令，
如图 7-23 所示的对话框，新建文件名为 main.xml。

图 7-23
New Resource File
对话框

步骤 6：配置文件 main.xml，代码如下。

```
<?xml version="1.0" encoding="utf-8"?>
<menu xmlns:tools="http://schemas.android.com/tools"
    xmlns:android="http://schemas.android.com/apk/res/android">
<item
    android:id="@+id/action_add_contact"
    android:icon="@android:drawable/ic_menu_add"
```

```
                android:showAsAction="always"
                android:title="@string/add_contact"
                tools:ignore="AppCompatResource"/>
    </menu>
```

步骤 7：修改字符串资源文件 strings.xml，代码如下。

```
<resources>
    <string name="app_name">显示和添加联系人</string>
    <string name="add_contact">添加联系人</string>
</resources>
```

步骤 8：编辑 MainActivity，创建添加联系人的方法 addContact(String name, String phone,
ng email)以及菜单事件处理方法 onOptionsItemSelected(MenuItem item)等，主要代码
。

```
public class MainActivity extends AppCompatActivity {
    /**
     * 联系人姓名列表控件
     */
    private ListView lvContactName;
    /**
     * 简单游标适配器
     */
    private SimpleCursorAdapter adapter;
    /**
     * 游标
     */
    private Cursor cursor;
    @Override
    protected void onCreate(Bundle savedInstanceState) {
        super.onCreate(savedInstanceState);
        // 利用布局资源文件设置用户界面
        setContentView(R.layout.activity_main);
        // 通过资源标识获得控件实例
        lvContactName = (ListView) findViewById(R.id.lv_contact_name);
        // 通过内容解析者获取联系人游标（数据源）
        cursor = getContentResolver().query(
                ContactsContract.Contacts.CONTENT_URI, // 数据内容 URI
                new String[] {ContactsContract.Contacts._ID, ContactsContract.Contacts.
PLAY_NAME}, // 投影字段列表
                null, // 选择运算子句
                null, // 占位符值列表
                null // 排序类型
        );
        // 创建简单游标适配器
        adapter = new SimpleCursorAdapter(
                this, // 上下文环境
```

```
                    android.R.layout.simple_expandable_list_item_1,      // 列表项
                                                                          // 模板
                    cursor, // 数据源（游标）
                    new String[] {ContactsContract.Contacts.DISPLAY_NAME},
                                                             // 字段列表
                    new int[] {android.R.id.text1}, // 控件标识列表
                    SimpleCursorAdapter.FLAG_REGISTER_CONTENT_OBSERVER
                                                             // 注册内容观察者标志
            );
            // 给列表控件设置适配器
            lvContactName.setAdapter(adapter);
        }
        @Override
        public boolean onCreateOptionsMenu(Menu menu) {
            getMenuInflater().inflate(R.menu.main, menu);
            return true;
        }
        @Override
        public boolean onOptionsItemSelected(MenuItem item) {
            switch (item.getItemId()) {
                case R.id.action_add_contact:
                    // 添加联系人
                    addContact("黄蓉", "13967678905", "huangrong@163.com");
                    // 提示用户添加成功
                    Toast.makeText(this, "成功添加联系人！", Toast.LENGTH_SHORT).sho
                    // 更新数据源
                    cursor.requery();
                    // 用更新后的数据源刷新列表控件
                    adapter.notifyDataSetChanged();
                    break;
            }
            return true;
        }
        /**
         * 添加联系人
         *
         * @param name
         * @param phone
         * @param email
         */
        public void addContact(String name, String phone, String email) {
            // 获取内容解析者
            ContentResolver resolver = getContentResolver();
            // 获取 raw_contacts 表的 uri
            Uri uri = Uri.parse("content://com.android.contacts/raw_contacts");
            // 创建内容值对象（键值对）
```

```
        ContentValues values = new ContentValues();
        // 添加新记录，返回其 id
        long id = ContentUris.parseId(resolver.insert(uri, values));
        // 获取 data 表的 uri
        uri = Uri.parse("content://com.android.contacts/data");
        // 添加联系人姓名
        values.put("raw_contact_id", id);
        values.put("data2", name);
        values.put("mimetype", "vnd.android.cursor.item/name");
        // 将数据插入 data 表
        resolver.insert(uri, values);
        // 添加联系人电话
        values.clear(); // 清空上次的数据
        values.put("raw_contact_id", id);
        values.put("data1", phone);
        values.put("data2", "2");
        values.put("mimetype", "vnd.android.cursor.item/phone_v2");
        // 将数据插入 data 表
        resolver.insert(uri, values);
        // 添加联系人邮箱
        values.clear(); // 清空上次数据
        values.put("raw_contact_id", id);
        values.put("data1", email);
        values.put("data2", "1");
        values.put("mimetype", "vnd.android.cursor.item/email_v2");
        // 将数据插入 data 表
        resolver.insert(uri, values);
    }
}
```

步骤 9：在项目清单文件 AndroidManifest.xml 中设置读取联系人的权限和授权写联系权限，代码如下。

```
<uses-permission android:name="android.permission.READ_CONTACTS"/>
<uses-permission android:name="android.permission.WRITE_CONTACTS"/>
```

步骤 10：将生成的 APK 导入到 Android 手机，就可以看到效果了。

案例小结

本案例介绍了 Android 中 ContentProvider 和 ContentResolver 的使用场合和相关知识点，如下。

ContentProvider 作为 Android 四大组件之一，相对其他组件来说，应用的场合是最少的，有自己独特的作用，如为其他程序提供数据。ContentProvider 和其他 4 个组件一样，使用编写的类时，要在 AndroidManifest 中注册。

ContentProvider 内部如何保存数据由其设计者决定，但所有的 ContentProvider 都实现了一用的方法来提供数据的增删改查功能。

笔 记

客户端通常不会直接使用这些方法，大多数据是通过 ContentResolver 对象实现对 Content Provider 的操作。开发人员可以通过调用 Activity 或者其他应用程序组件的实现类中 getContentResolver()方法来获得 Content Provider 对象。

例如，ContentResolver cr=getContentResolver();

使用 ContentResolver 提供的方法可以获得 Content Provider 中任何感兴趣的数据。

不同进程之间通信由 ContentProvider 类和 ContentResolver 类处理。

案例 **8**

Android 小喇叭

学习目标

【知识目标】
- ➢ 掌握广播接收者的创建。
- ➢ 掌握如何自定义广播。
- ➢ 掌握有序广播和无序广播的使用。

【能力目标】
- ➢ 能够正确创建广播。
- ➢ 能够对有序广播进行拦截。

案例介绍

你是否还记得小时候《小喇叭》开始曲：中央人民广播电台，现在是对学龄前儿童广[播]嗒嘀嗒……小喇叭开始广播啦……今天我们来学的，可不是真的小喇叭，它是 Android 的[四]基本组件之一，接收 BroadcastReceiver，顾名思义就是"广播接收者"的意思，这种组件[实际]上是一种全局的监听器，用于监听系统全局的广播消息。

BroadcastReceiver 可以接收来自系统和应用的广播。由于 BroadcastReceiver 是一种全[局]监听器，因此它可以非常方便地实现系统不同组件之间的通信。例如，Activity 与[通过]startService()方法启动的 Service 之间通信，就可以借助于 BroadcastReceiver 来实现。

8.1 Android 广播概述

8.1.1 广播的概念

微课 8-1
Android 广播概述

广播是一个全局的监听器，在 Android 系统中，广播体现在方方面面。例如，开机完[成后]系统会产生一条广播，接收到这条广播就能实现开机启动服务的功能；当网络状态改变时[系]统会产生一条广播，接收到这条广播就能及时地做出提示和保存数据等操作；当电池电量[低]时，系统会产生一条广播，接收到这条广播就能在电量低时告知用户及时保存进度，再如[，]还和人们日常生活中的电台有相通之处，空中有不同频段、不同电台的广播，而 Android[电台]中就有对应的电池的电量、来电、短信还有如 SD 卡拔插等这些广播的消息发出，这些消[息]对应着用收音机调频时，不同电台的节目。而注册的广播就类似于收听某个电台的节目，[一]个注册广播收听交通广播，另一个注册的广播收听音乐广播，那么怎么区分是交通广播还[是音]乐广播呢，这就要通过前几章提到的 Intent 的 action 来判断。广播分为广播发送者、广播[接收]者两个角色。

8.1.2 广播的实现原理

（1）广播采用的模型
Android 中的广播使用了设计模式中的观察者模式：基于消息的发布/订阅事件模型。

（2）模型的讲解
模型中有以下 3 个角色。
① 消息订阅者（广播接收者）。
② 消息发布者（广播发布者）。
③ 消息中心（AMS，即 Activity Manager Service）。
其原理示意图如图 8-1 所示。

（3）实现原理
① 广播接收者通过 Binder 机制在 AMS 注册。
② 广播发送者通过 Binder 机制向 AMS 发送广播。
③ AMS 根据广播发送者要求，在已注册列表中，寻找合适的广播接收者（寻找依[据]

ntFilter/Permission）。

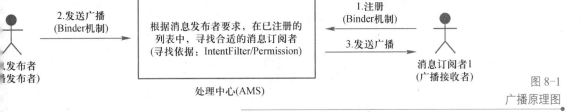

图 8-1
广播原理图

④ AMS 将广播发送到合适的广播接收者相应的消息循环队列中。

⑤ 广播接收者通过消息循环拿到此广播，并回调 onReceive()。

注意 》》》》》》

广播发送者和广播接收者的执行是异步的，即广播发送者不会关心有无接收者接收，也不确定接收者何
才能接收到。

1.3 广播的类型

广播的类型主要分为以下 5 类。

1. 普通广播（Normal Broadcast）

Normal Broadcast，是一种完全异步执行的广播，即开发者自身定义 Intent 的广播（最常
当广播发出后，几乎所有广播接收器都会在同一时间收到这条广播，如图 8-2 所示。

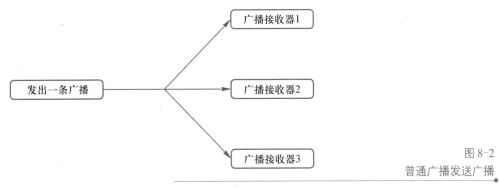

图 8-2
普通广播发送广播

这相当于有人在广播室里，播放做眼保健操的信息，一同发出到每个教室一样，没有先后
之分，普通广播是无法终止广播的传播，一旦发送，无法截断其中一条，几乎被所有接收
到，而做眼保健操的学生就是接收者了。对于普通广播，在 Android 中使用
ext.sendBroadcast()方法来发送。

发送广播如下。

```
Intent intent = new Intent();
//对应 BroadcastReceiver 中 intentFilter 的 action
intent.setAction(BROADCAST_ACTION);
//发送广播
sendBroadcast(intent);
```

若被注册了的广播接收者中注册时 intentFilter 的 Action 与上述匹配，则会接收此广播（即

进行回调 onReceive()），如下 mBroadcastReceiver 则会接收上述广播。

```
<receiver
    //此广播接收者类是 mBroadcastReceiver
    android:name=".mBroadcastReceiver" >
    //用于接收网络状态改变时发出的广播
    <intent-filter>
        <action android:name="BROADCAST_ACTION" />
    </intent-filter>
</receiver>
```

若发送广播有相应权限，那么广播接收者也需要相应权限。

2. 系统广播（System Broadcast）

Android 中内置了多个系统广播：只要涉及手机的基本操作（如开机、网络状态变化、照等），都会发出相应的广播。

每个广播都有特定的 Intent-Filter（包括具体的 Action），Android 系统广播 Action 表 8-1。

表 8-1　系 统 广 播

系 统 操 作	Action
监听网络变化	android.net.conn.CONNECTIVITY_CHANGE
关闭或打开飞行模式	Intent.ACTION_AIRPLANE_MODE_CHANG
充电时或电量发生变化	Intent.ACTION_BATTERY_CHANGED
电池电量低	Intent.ACTION_BATTERY_LOW
电池电量充足（即从电量低变化到饱满时会发出广播）	Intent.ACTION_BATTERY_OKAY
系统启动完成后（仅广播一次）	Intent.ACTION_BOOT_COMPLETED
按下照相时的拍照按键（硬件按键）时	Intent.ACTION_CAMERA_BUTTON
屏幕锁屏	Intent.ACTION_CLOSE_SYSTEM_DIALOGS
设备当前设置被改变时（界面语言、设备方向等）	Intent.ACTION_CONFIGURATION_CHANG
插入耳机时	Intent.ACTION_HEADSET_PLUG
未正确移除 SD 卡但已取出来时（正确移除方法：设置—SD 卡和设备内存—卸载 SD 卡）	Intent.ACTION_MEDIA_BAD_REMOVAL
插入外部储存装置（如 SD 卡）	Intent.ACTION_MEDIA_CHECKING
成功安装 APK	Intent.ACTION_PACKAGE_ADDED
成功删除 APK	Intent.ACTION_PACKAGE_REMOVED
重启设备	Intent.ACTION_REBOOT
屏幕被关闭	Intent.ACTION_SCREEN_OFF
屏幕被打开	Intent.ACTION_SCREEN_ON
关闭系统时	Intent.ACTION_SHUTDOWN
重启设备	Intent.ACTION_REBOOT

注意 ››››› 》》————————————

当使用系统广播时，只需要在注册广播接收者时定义相关的 Action 即可，并不需要手动发送广播，当系有相关操作时会自动进行系统广播。

3. 有序广播（Ordered Broadcast）

一种同步执行的广播，广播发出后，只会有一个广播接收器能接收到广播消息，当这个广收器接收到后，广播才会继续传递。对于有序广播其有先后顺序，在 Android 中提供了优的属性（Priority）来控制先后，有序广播中可以截断广播，不被下一个广播接收器接收，有序广播的特点。有序是针对广播接收者而言的，如图 8-3 所示。

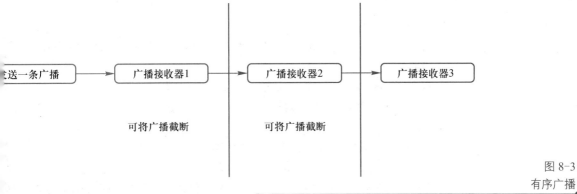

图 8-3
有序广播

① 广播接受者接收广播的顺序规则（同时面向静态和动态注册的广播接受者）。
● 按照 Priority 属性值从大到小排序。
● Priority 属性相同者，动态注册的广播优先。
② 特点。
● 接收广播按顺序接收。
● 先接收的广播接收者可以对广播进行截断，即后接收的广播接收者不再接收到此广播。
● 先接收的广播接收者可以对广播进行修改，那么后接收的广播接收者将接收到被修改后的广播。
③ 具体使用。
有序广播的使用过程与普通广播非常类似，差异仅在于广播的发送方式。

```
sendOrderedBroadcast(intent);
```

4. 粘性广播（Sticky Broadcast）
由于在 Android 5.0 和 API 21 中已经失效，所以不建议使用，这里也不进行过多总结。

5. APP 应用内广播（Local Broadcast）

（1）背景
Android 中的广播可以跨 APP 直接通信（对于有 intent-filter 情况下，exported 默认值为

。

（2）冲突
可能出现的问题如下。

- 其他 APP 针对性发出与当前 App intent-filter 相匹配的广播，由此导致当前 APP 不〔收广播并处理。
- 其他 APP 注册与当前 APP 一致的 intent-filter 用于接收广播，获取广播具体信息。
- 会出现安全性和效率性的问题。

（3）解决方案

使用 APP 应用内广播（Local Broadcast）。

- APP 应用内广播可理解为一种局部广播，广播的发送者和接收者都同属于一个 AF〔
- 相比于全局广播（普通广播），APP 应用内广播优势体现在安全性高和效率高。

（4）具体使用

① 将全局广播设置成局部广播。

- 注册广播时将 exported 属性设置为 false，使得非本 APP 内部发出的此广播〔接收。
- 在广播发送和接收时，增设相应权限 permission，用于权限验证。
- 发送广播时指定该广播接收器所在的包名，此广播将只会发送到此包中的 APP 内〔相匹配的有效广播接收器中。

通过 intent.setPackage(packageName)指定报名。

② 使用封装好的 LocalBroadcastManager 类。

使用方式上与全局广播几乎相同，只是在注册/取消注册广播接收器和发送广播时将参〔context 变成了 LocalBroadcastManager 的单一实例。

> **注意** 〉〉〉〉〉〉〉〉
>
> 对于 LocalBroadcastManager 方式发送的应用内广播，只能通过 LocalBroadcastManager 动态注册，不〔静态注册。

8.2　Android BroadcastReceiver 广播

8.2.1　广播接收器的定义

Broadcast 是广播的意思，Android 中应用程序之间的传输信息的机制，BroadcastRec〔是接收广播通知的组件，即广播接收器。通俗地解释：广播，大家应该可以理解，学生在做眼保健操时，就有个广播告诉学生要做眼保健操了。广播传递信息告诉人们要做什么，〔信息或传递数据等。广播接收器是用来接收来自系统和应用的广播。

定义：广播接收器是一个用于接收广播信息，并做出对应处理的组件，人们常见的系〔播有通知时区改变、电量低、用户改变了语言选项等。

8.2.2　BroadcastReceiver 的使用流程

整个使用流程如图 8-4 所示。

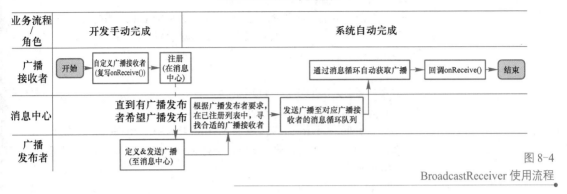

图 8-4
BroadcastReceiver 使用流程

以下以开发者手动完成部分来讲解 BroadcastReceiver。

（1）自定义广播接收者 BroadcastReceiver

首先继承 BroadcastReceivre 基类，之后必须复写抽象方法 onReceive()方法。

- 广播接收器接收到相应广播后，会自动回调 onReceive() 方法。
- 一般情况下，onReceive 方法会涉及与其他组件之间的交互，如发送 Notification、启动 Service 等。
- 默认情况下，广播接收器运行在 UI 线程，因此，onReceive()方法不能执行耗时操作，否则将导致 ANR（应用程序无响应）。

（2）广播接收器注册

1）静态注册

注册方式：在 AndroidManifest.xml 里通过<receive>标签声明。

简单案例：

```
<receiver
    //此广播接收者类是 mBroadcastReceiver
    android:name=".mBroadcastReceiver" >
    //用于接收网络状态改变时发出的广播
    <intent-filter>
        <action android:name="android.net.conn.CONNECTIVITY_CHANGE"/>
    </intent-filter>
</receiver>
```

当此 APP 首次启动时，系统会自动实例化 mBroadcastReceiver 类，并注册到系统中。

2）动态注册

注册方式：在代码中调用 Context.registerReceiver( )方法。

简单案例：

```
// 选择在 Activity 生命周期方法中的 onResume()中注册
@Override
protected void onResume(){
    super.onResume();
// ①实例化 BroadcastReceiver 子类&IntentFilter
    mBroadcastReceiver mBroadcastReceiver = new mBroadcastReceiver();
    IntentFilter intentFilter = new IntentFilter();
```

```
                    // ②设置接收广播的类型
                    intentFilter.addAction(android.net.conn.CONNECTIVITY_CHANGE);
                    // ③动态注册：调用 Context 的 registerReceiver()方法
                    registerReceiver(mBroadcastReceiver, intentFilter);
                 }
                 // 注册广播后，要在相应位置记得销毁广播
                 // 即在 onPause() 中 unregisterReceiver(mBroadcastReceiver)
                 // 当此 Activity 实例化时，会动态将 MyBroadcastReceiver 注册到系统中
                 // 当此 Activity 销毁时，动态注册的 MyBroadcastReceiver 将不再接收到相应的广
                 @Override
                 protected void onPause() {
                     super.onPause();
                     //销毁在 onResume()方法中的广播
                     unregisterReceiver(mBroadcastReceiver);
                 }
             }
```

注意 >>>>>>>

动态广播最好在 Activity 的 onResume()注册、onPause()注销。其原因是，对于动态广播，有注册就要有注销，否则会导致内存泄露，重复注册、重复注销也不允许。

3）两种注册方式的区别（见表 8-2）

表 8-2　注册方式比较

使用方式	特点	应用场景
在 AndroidManifest.xml 中通过<receive>标签声明	常驻，不受任何组件的生命周期影响（应用程序关闭后，如果有信息广播来，程序依旧会被系统调用） 缺点：耗电、占内存	需要时刻监听广播
在代码中调用 Context.registerReceiver () 方法	非常驻，灵活，跟随组件的生命周期变化 （组件结束=广播结束，在组件结束前，必须移除广播接收器）	需要特定时刻监听广播

（3）广播发送者向 AMS 发送广播

广播是用"意图（Intent）"标识，定义广播的本质 = 定义广播所具备的"（Intent）"。

广播发送 = 广播发送者将此广播的"意图（Intent）"通过 sendBroadcast()方法出去。

微课 8-3
Android Broadcast
Receiver 案例

8.2.3　BroadcastReceiver 案例

使用 BroadcastReceiver 来完成系统时间的显示，最终实现如图 8-5 所示。

图 8-5
显示系统时间

具体实现如下。

步骤 1：创建一个 Android 项目，项目名称为 BroadcastReceiver。

步骤 2：选中 layout 并右击，在弹出的快捷菜单中选择 New→XML→Layout XML File 命
在打开的对话框中设置新建界面名称为 bcr_layout，Root Tag 设置为 LinearLayout，单击
h 按钮。

步骤 3：将 bcr_layout.xml 中添加相关组件，源代码如下。

```xml
<LinearLayout xmlns:android="http://schemas.android.com/apk/res/android"
android:orientation="vertical"
android:layout_width="fill_parent"
android:layout_height="fill_parent"
android:background="#FFFFFF">
<TextView
    android:id="@+id/tv"
    android:layout_width="wrap_content"
    android:layout_height="wrap_content"
    android:text="当前时间: "/>
<TextView
    android:id="@+id/time"
    android:layout_width="fill_parent"
    android:layout_height="wrap_content"
</LinearLayout>
```

步骤 4：在 MainActivity.java 中修改如下代码。

```java
public class MainActivity extends Activity {
public static String TIME_CHANGED_ACTION = "COM.EXAMPLE.TIME RECEIVER";
public static TextView time = null;
private Intent timeService = null;
```

```
@Override
public void onCreate(Bundle savedInstanceState) {
    super.onCreate(savedInstanceState);
    setContentView(R.layout.bcr_layout);
    time = (TextView)findViewById(R.id.time);
    time.setTextColor(Color.RED);
    time.setTextSize(15);
    timeService = new Intent(this,timeService.class);
    this.startService(timeService);
}
public TextView getTimeTextView(){
    return time;
}
private void registerBroadcastReceiver(){
    timeReceiver receiver = new timeReceiver();
    IntentFilter filter = new IntentFilter(TIME_CHANGED_ACTION);
    registerReceiver(receiver, filter);
}
@Override
protected void onDestroy() {
    super.onDestroy();
    stopService(timeService);
}
}
```

步骤 5：选择 File→New→Service→Service 菜单命令，将文件命名为 timeService，再 File→New→Other→BroadcastReceiver 菜单命令，将文件命名为 timeReceiver。

步骤 6：在 timeService.java 中修改如下代码。

```
public class timeService extends Service{
private String TAG = "TimeService";
private Timer timer = null;
private SimpleDateFormat sdf = null;
private Intent timeIntent = null;
private Bundle bundle = null;
@Override
public void onCreate() {
    super.onCreate();
    timer = new Timer();
    sdf = new SimpleDateFormat("yyyy/MM/dd "+"hh:mm:ss");
    timeIntent = new Intent();
    bundle = new Bundle();
    timer.schedule(new TimerTask() {
        @Override
        public void run() {
```

```
            bundle.putString("time", getTime());
            timeIntent.putExtras(bundle);
            timeIntent.setAction(MainActivity.TIME_CHANGED_AC- TION);
            sendBroadcast(timeIntent);
        }
    }, 1000,1000);
}
@Override
public IBinder onBind(Intent intent) {
    return null;
}
private String getTime(){
    return sdf.format(new Date());
}
@Override
public ComponentName startService(Intent service) {
    return super.startService(service);
}
@Override
public void onDestroy() {
    super.onDestroy();
}
}
```

在 timeReceiver.java 中修改如下代码。

```
public class timeReceiver extends BroadcastReceiver{
private MainActivity dUIActivity = new MainActivity();
@Override
public void onReceive(Context context, Intent intent) {
    String action = intent.getAction();
    if(MainActivity.TIME_CHANGED_ACTION.equals(action)){
        Bundle bundle = intent.getExtras();
        String strtime = bundle.getString("time");
        dUIActivity.time.setText(strtime);
    }
}
}
```

步骤 7：在 AndroidManifest.xml 中添加如下代码。

```
<receiver android:name=".timeReceiver">
    <intent-filter>
    <action android:name="COM.EXAMPLE.TIMERECEIVER"/>
    </intent-filter></receiver>
<service android:name=".timeService"></service>
```

程序完成，运行查看结果。

8.3 Android 系统广播

8.3.1 系统广播的分类

Android 系统的系统广播有多种分类，具体如下。

```
Intent.ACTION_AIRPLANE_MODE_CHANGED;
//关闭或打开飞行模式时的广播
Intent.ACTION_BATTERY_CHANGED;
//充电状态，或者电池的电量发生变化
//电池的充电状态、电荷级别改变，不能通过组建声明接收这个广播，只有通过 Co
//registerReceiver()注册
Intent.ACTION_BATTERY_LOW;
//表示电池电量低
Intent.ACTION_BATTERY_OKAY;
//表示电池电量充足，即从电池电量低变化到饱满时会发出广播
Intent.ACTION_BOOT_COMPLETED;
//在系统启动完成后，这个动作被广播一次（只有一次）
Intent.ACTION_CAMERA_BUTTON;
//按下照相时的拍照按键（硬件按键）时发出的广播
Intent.ACTION_CLOSE_SYSTEM_DIALOGS;
//当屏幕超时进行锁屏时，当用户按下电源按钮，长按或短按（不管是否跳出对话框）
//进行锁屏时，Android 系统都会广播此 Action 消息
Intent.ACTION_CONFIGURATION_CHANGED;
//设备当前设置被改变时发出的广播（改变包括有界面语言、设备方向等，可参考
//iguration.java）
Intent.ACTION_DATE_CHANGED;
//设备日期发生改变时会发出此广播
Intent.ACTION_DEVICE_STORAGE_LOW;
//设备内存不足时发出的广播，此广播只能由系统使用，其他 APP 不可用
Intent.ACTION_DEVICE_STORAGE_OK;
//设备内存从不足到充足时发出的广播，此广播只能由系统使用，其他 APP 不可用
Intent.ACTION_DOCK_EVENT;//
//发出此广播的地方 frameworks\base\services\java\com\android\server\
//DockObserver.java
Intent.ACTION_EXTERNAL_APPLICATIONS_AVAILABLE;
//移动 APP 完成之后，发出的广播（移动是指 APP2SD）
Intent.ACTION_EXTERNAL_APPLICATIONS_UNAVAILABLE;
//正在移动 APP 时，发出的广播（移动是指 APP2SD）
Intent.ACTION_GTALK_SERVICE_CONNECTED;
//Gtalk 已建立连接时发出的广播
Intent.ACTION_GTALK_SERVICE_DISCONNECTED;
//Gtalk 已断开连接时发出的广播
```

```
Intent.ACTION_HEADSET_PLUG;
//在耳机口上插入耳机时发出的广播
Intent.ACTION_INPUT_METHOD_CHANGED;
//改变输入法时发出的广播
 Intent.ACTION_LOCALE_CHANGED;
//设备当前区域设置已更改时发出的广播
Intent.ACTION_MANAGE_PACKAGE_STORAGE;
Intent.ACTION_MEDIA_BAD_REMOVAL;//未正确移除 SD 卡（正确移除 SD 卡的方法：
置→SD 卡和设备内存→卸载 SD 卡），但已把 SD 卡取出来时发出的广播
//广播：扩展介质（扩展卡）已经从 SD 卡插槽拔出，但是挂载点（mount point）还没解
（unmount）
Intent.ACTION_MEDIA_BUTTON;
//按下 Media Button 按键时发出的广播，假如有 Media Button 按键的话（硬件按键）
 Intent.ACTION_MEDIA_CHECKING;
//插入外部存储装置（如 SD 卡）时，系统会检验 SD 卡，此时发出的广播
 Intent.ACTION_MEDIA_EJECT;
//已拔掉外部大容量存储设备发出的广播（如 SD 卡，或移动硬盘），不管有没有正确卸载都
//会发出此广播
///广播：用户想要移除扩展介质（拔掉扩展卡）
 Intent.ACTION_MEDIA_MOUNTED;
//插入 SD 卡并且已正确安装（识别）时发出的广播
///广播：扩展介质被插入，而且已经被挂载
 Intent.ACTION_MEDIA_NOFS;
Intent.ACTION_MEDIA_SCANNER_FINISHED;
///广播：已经扫描完介质的一个目录
Intent.ACTION_MEDIA_SCANNER_STARTED;
///广播：开始扫描介质的一个目录
 Intent.ACTION_MEDIA_SHARED;
///广播：扩展介质的挂载被解除（unmount），因为它已经作为 USB 大容量存储被共享
Intent.ACTION_MEDIA_UNMOUNTED
///广播：扩展介质存在，但是还没有被挂载（mount）
Intent.ACTION_PACKAGE_ADDED;
//成功安装 APK 之后
///广播：设备上新安装了一个应用程序包
//一个新应用包已经安装在设备上，数据包括包名（最新安装的包程序不能接收到这个广播）
Intent.ACTION_PACKAGE_CHANGED;
//一个已存在的应用程序包已经改变，包括包名
Intent.ACTION_PACKAGE_DATA_CLEARED;
//清除一个应用程序的数据时发出的广播（设置→应用管理→选中某个应用，之后清除
//数据时）
//用户已经清除一个包的数据，包括包名（清除包程序不能接收到这个广播）
  Intent.ACTION_PACKAGE_INSTALL;
//触发一个下载并且完成安装时发出的广播，如在电子市场中下载应用
```

```
        Intent.ACTION_PACKAGE_REMOVED;
//成功删除某个 APK 之后发出的广播
//一个已存在的应用程序包已经从设备上移除，包括包名（正在被安装的包程序不能接
//这个广播）
        Intent.ACTION_PACKAGE_REPLACED;
//替换一个现有的安装包时发出的广播（不管现在安装的 APP 比之前的新还是旧，都会
//此广播）
        Intent.ACTION_PACKAGE_RESTARTED;
//用户重新开始一个包，包的所有进程将被杀死，所有与其相关的运行时间状态应该被和
//包括包名（重新开始包程序不能接收到这个广播）
        Intent.ACTION_POWER_CONNECTED;
//插上外部电源时发出的广播
        Intent.ACTION_POWER_DISCONNECTED;
//已断开外部电源连接时发出的广播
        Intent.ACTION_PROVIDER_CHANGED;//
        Intent.ACTION_REBOOT;
//重启设备时的广播
        Intent.ACTION_SCREEN_OFF;
//屏幕被关闭之后的广播
        Intent.ACTION_SCREEN_ON;
//屏幕被打开之后的广播
        Intent.ACTION_SHUTDOWN;
//关闭系统时发出的广播
        Intent.ACTION_TIMEZONE_CHANGED;
//时区发生改变时发出的广播
        Intent.ACTION_TIME_CHANGED;
//时间被设置时发出的广播
        Intent.ACTION_TIME_TICK;
//广播：当前时间已经变化（正常的时间流逝）
//当前时间改变，每分钟都发送，不能通过组件声明来接收，只有通过 Context.regi
//terReceiver()方法来注册
        Intent.ACTION_UID_REMOVED;
//一个用户 ID 已经从系统中移除发出的广播
        Intent.ACTION_UMS_CONNECTED;
//设备已进入 USB 大容量存储状态时发出的广播
        Intent.ACTION_UMS_DISCONNECTED;
//设备已从 USB 大容量存储状态转为正常状态时发出的广播
        Intent.ACTION_USER_PRESENT;
// Android 监听屏幕锁屏，用户解锁
        Intent.ACTION_WALLPAPER_CHANGED;
//设备墙纸已改变时发出的广播
```

8.3.2　系统广播案例

制作一个小的系统广播的案例显示当前手机电量，如图 8-6 所示。

微课 8-4
Android 系统广播
案例

图 8-6
系统广播显示手机电量

步骤 1：创建一个 Android 项目，项目名称为 SystemBroadCast。

步骤 2：选中 layout 并右击，在弹出的快捷菜单中选择 New→XML→Layout XML File 命新建界面名称为 main，Root Tag 设置为 LinearLayout，单击"Finish"按钮。界面文件中只一个 TextView 即可。Textview 的 ID 为 show。

步骤 3：修改 MainActivity.java 广播，实现查看当前手机电量的功能。

```java
public class MainActivity extends Activity {
    TextView show;
    @Override
    protected void onCreate(Bundle savedInstanceState) {
        super.onCreate(savedInstanceState);
        setContentView(R.layout.main);
        show=(TextView)findViewById(R.id.show);
        ShowPowerReceiver showPowerReceiver=new ShowPowerReceiver();
        IntentFilter filter=new IntentFilter();
        filter.addAction(Intent.ACTION_BATTERY_CHANGED);
        //注册 showPowerReceiver
        registerReceiver(showPowerReceiver, filter);
    }
    /**
     * Describe:</br>
     *手机电量提醒
     **/
    class ShowPowerReceiver extends BroadcastReceiver {
        @Override
        public void onReceive(Context context, Intent intent) {
            // TODO Auto-generated method stub
            //判断接收到的是否为电量变化的 BroadCast Action
            if (Intent.ACTION_BATTERY_CHANGED.equals(intent.getAction())) {
                //当前电量
                int level=intent.getIntExtra("level", 0);
                //总电量
                int scale=intent.getIntExtra("scale", 100);
                int current=level*100/scale;
```

```
                                        show.setText("当前电量："+current+"%");
                            }
                        }
                    }
                }
```

8.4 Android 小喇叭综合案例

微课 8-5
Android 小喇叭
综合案例

实现计时器功能，实现的思路如下。

① 后台 Service 每隔 1 s 发送广播通知时间已发生变化。

② UI 层（Activity）通过 BroadcastReceive 接收到广播，更新显示的时间。

 注意 》》》》》》

- Activity 与通过 startService 方法启动的 Service 之间无法直接进行通信，但是借助 BroadcastServic 以实现两者之间的通信。
- 实现计时器的方式有很多种，如通过 Thread 的 sleep 等，此处只是演示 Service 与 BroadcastServic 组合应用(可以将 Service 中获取当前时间的操作想象为非常耗时的操作，所以不宜直接在 UI 层来
- 此案例演示的 Service 与 BroadcastService 的组合是"单向通信"，即 UI 层只是被动接收 Service 的广播，而没有主动发送广播控制后台 Service。

此案例详细代码见代码案例 8 综合案例，参考代码文档在配套资源中。这里仅罗列三步骤代码。

运行结果如图 8-7 所示。

操作步骤如下。

步骤 1：新建一个工程，命名为 timebroadcastreceiver。

步骤 2：修改 activity_main.xml 文件内容，设置两个 TextView 组件，第 1 个 TextVi 来显示"当前时间" 4 个文字，第 2 个 TextView 用来在运行程序时显示当前系统时间 图 8-8 所示。

图 8-7
显示系统时间

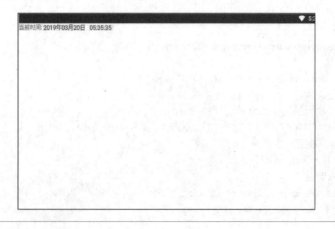

图 8-8
显示界面

界面文件内容请读者自己完成，参考代码请见电子资源。

步骤 3：修改 MainActivity.java 文件，实现注册广播和启动服务等，主要代码如下。

```java
public class MainActivity extends Activity {
    public static String TIME_CHANGED_ACTION = "COM.EXAMPLE.TIMERECEIVER";
    public static TextView time = null;
    private Intent timeService = null;
    timeReceiver receiver;
    @Override
    public void onCreate(Bundle savedInstanceState) {
        super.onCreate(savedInstanceState);
        setContentView(R.layout.activity_main);
        time = (TextView)findViewById(R.id.time);
        time.setTextColor(Color.RED);
        time.setTextSize(15);
        //启动服务，时间改变后发送广播，通知 UI 层修改时间
        timeService = new Intent(this,timeService.class);
        this.startService(timeService);
    }
    public TextView getTimeTextView(){
        return time;
    }
    private void registerBroadcastReceiver(){
        receiver = new timeReceiver();
        IntentFilter filter = new IntentFilter(TIME_CHANGED_ACTION);//意图过滤器
        registerReceiver(receiver, filter);
        //动态注册
        //registerReceiver(BroadcastReceiver receiver, IntentFilte-
        //rfilter)
        //第 1 个参数是要处理广播的 BroadcastReceiver，第 2 个参数是意图过滤器
        //new 出上边定义好的 BroadcastReceiver
        //实例化过滤器并设置要过滤的广播
        //注册广播
    }
    @Override
    protected void onDestroy() {
        super.onDestroy();
        //停止服务
        stopService(timeService);
    }
    @Override
    protected void onResume() {
        super.onResume();
        //注册广播
//      registerBroadcastReceiver();
    }
    @Override
    protected void onPause() {
        super.onPause();
```

```
                                //解除 broadCastReceiver
                        //    unregisterReceiver(receiver);
                            }
                        }
```

步骤 4：实现自定义 BroadcastReceiver 类 timeReceiver，负责接收从后台 Service 发送的广播，获取最新时间数据后更新 UI 层组件。本类最好作为 UI 层（Activity）的内部类，处将其作为外部类实现（通过 XML 文件配置注册 BroadcastReceiver）。主要代码如下。

```
//实现自定义 BroadcastReceiver 类 timeReceiver，负责接收从后台 Service 发送过来的广
//获取最新时间数据后更新 UI 层组件。本类最好作为 UI 层（Activity）的内部类，
//将其作为外部类实现当此 APP 首次启动时，系统会自动实例化 mBroadcastReceiver
//并注册到系统中
public class timeReceiver extends BroadcastReceiver{
    private MainActivity dUIActivity = new MainActivity();
    @Override
    public void onReceive(Context context, Intent intent) {
        String action = intent.getAction();
        if(MainActivity.TIME_CHANGED_ACTION.equals(action)){
            Bundle bundle = intent.getExtras();
            String strtime = bundle.getString("time");
            dUIActivity.time.setText(strtime);
        }
```

步骤 5：实现自定义 Service 类 timeService，其代码如下。

```
public class timeService extends Service{
private String TAG = "TimeService";
private Timer timer = null;
private SimpleDateFormat sdf = null;
private Intent timeIntent = null;
private Bundle bundle = null;
@Override
public void onCreate() {
    super.onCreate();
    timer = new Timer();
    sdf = new SimpleDateFormat("yyyy 年 MM 月 dd 日    "+"hh:mm:ss");
    /**
    SimpleDateFormat 函数语法：
    G  年代标志符
    y  年
    M  月
    d  日
    h  时  在上午或下午(1 ~ 12)
    H  时  在一天中(0 ~ 23)
    m  分
    s  秒
    S  毫秒
    E  星期
```

```
            D  一年中的第几天
            F  一月中第几个星期几
            w  一年中第几个星期
            W  一月中第几个星期
            a  上午/下午  标记符
            k  时  在一天中（1~24）
            K  时  在上午或下午（0~11）
            z  时区
            */
        timeIntent = new Intent();
        bundle = new Bundle();
        //定时器发送广播
        timer.schedule(new TimerTask() {
            @Override
            public void run() {
                //发送广播
                bundle.putString("time", getTime());
                timeIntent.putExtras(bundle);
                timeIntent.setAction(MainActivity.TIME_CHANGED_ACTION);
                //发送广播
                sendBroadcast(timeIntent);
            }
        }, 1000,1000);
        //timer.schedule(timerTask,1000,1000);//延时 1 s，每隔 1000 毫秒执行一次 run 方法
    }
    @Override
    public IBinder onBind(Intent intent) {
        return null;
    }
    //获取最新系统时间
    private String getTime(){
        return sdf.format(new Date());
    }
    @Override
    public ComponentName startService(Intent service)
    {
        return super.startService(service);
    }
    @Override
    public void onDestroy() {
        super.onDestroy();
    }
}
```

步骤 6：修改 AndroidManifest.xml 文件，代码如下。

```xml
<?xml version="1.0" encoding="utf-8"?>
<manifest xmlns:android="http://schemas.android.com/apk/res/android"
                package="com.first.timebroadcastreceiver">
    <application
        android:allowBackup="true"
        android:icon="@mipmap/ic_launcher"
        android:label="@string/app_name"
        android:supportsRtl="true"
        android:theme="@style/AppTheme">
        <activity android:name=".MainActivity">
            <intent-filter>
                <action android:name="android.intent.action.MAIN"/>
                <category android:name="android.intent.category.LAUNCHER"/>
            </intent-filter>
        </activity>
        <receiver
            android:name=".timeReceiver"
            android:enabled="true"
            android:exported="true">
            <intent-filter>
                <action android:name="COM.EXAMPLE.TIMERECEIVER"/>
            </intent-filter>
        </receiver>
        <service
            android:name=".timeService"
            android:enabled="true"
            android:exported="true">
        </service>
    </application>
</manifest>
```

运行后结果如图 8-7 所示。

 案例小结

　　Android 中的广播机制设计得非常出色，很多事情原本需要开发者亲自操作的，现在等待广播告知自己就可以了，大大减少了开发的工作量和开发周期，而且要记住 Broad Receiver 的生命周期只有 10 s 左右，如果在 onReceive()内做超过 10 s 内的事情，就会报错果需要处理耗时的业务，可以开启 Service 进行处理。谨记一点：广播主要目的是监听获知，不要处理繁杂的业务。

案例 **9**

Android 网络之旅

学习目标

【知识目标】
  ➢ 掌握 TCP 的概念。
  ➢ 深入理解 HTTP。
  ➢ 了解 UDP。

【能力目标】
  ➢ 能通过 TCP 进行网络编程。
  ➢ 熟练使用 HTTP 实现通信。
  ➢ 了解 UDP 的工作模式。

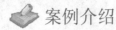案例介绍

网络的 7 层模型由下往上分别为物理层、数据链路层、网络层、传输层、会话层、表和应用层，一般编程人员接触最多的就是应用层和运输层。

经常接触到的相关概念如下。

- HTTP：应用层协议，基于 TCP 连接，主要解决如何包装协议。
- TCP：运输层协议，主要解决数据如何在网络中传输。
- UDP：运输层协议，也是用户数据报协议，是不可靠的协议，只负责把应用层协议数据传送到 IP 层的数据报，而不管数据是否到达。
- IP：网络层协议。
- Socket 连接：长连接。
- HTTP 连接：短连接。

9.1 TCP/IP

微课 9-1
TCP/IP 简介

9.1.1 Socket 介绍

网络上的两个程序通过一个双向的通信连接实现数据的交换，这个连接的一端称为 Socket。

建立网络通信连接至少要一对端口号（Socket）。Socket 本质是编程接口（API）TCP/IP 的封装，TCP/IP 也要提供可供程序员做网络开发所用的接口，这就是 Socket 接口；HTTP 是轿车，提供了封装或者显示数据的具体形式；Socket 是发动机，提供络通信的能力。

Socket 的英文原义是"孔"或"插座"。作为 BSD UNIX 的进程通信机制，取后一思。通常也称作"套接字"，用于描述 IP 地址和端口，是一个通信链的句柄，可以用来不同虚拟机或不同计算机之间的通信。在 Internet 上的主机一般运行了多个服务软件，提供多种服务。每种服务都打开一个 Socket，并绑定到一个端口上，不同的端口对应于的服务。

Socket 正如其英文原意那样，像一个多孔插座。一台主机犹如布满各种插座的房间，插座有一个编号，有的插座提供 220 V 交流电，有的提供 110 V 交流电，有的则提供有线节目。客户软件将插头插到不同编号的插座，就可以得到不同的服务。

9.1.2 TCP

TCP（Transmission Control Protocol，传输控制协议）是一种面向连接的、可靠的、字节流的传输层通信协议，主要跟 IP（Internet Protocol，网际协议）交互，如果 IP 数据包已经包装好的 TCP 数据包，那么 IP 将把它们向"上"传送到 TCP 层。TCP 将包顺序并进误检查，同时实现虚电路间的连接。TCP 数据包中包括序号和确认，所以未按照顺序排序可以被排序，而损坏的包可以被重传。故其特点是能够保证成功率，数据安全性高但效率

是应用于运输层的传输控制协议。TCP 被称为可靠的端对端协议，这是因为它为两台计算机
间的连接起了重要作用；当一台计算机需要与另一台远程计算机连接时，TCP 会让它们建立
个连接，在两台计算机之间进行面向连接的传输。TCP 利用重发技术和拥塞控制机制，向应
程序提供可靠的通信连接，使它能够自动控制并适应网上的各种变化。TCP 重发一切没有收
的数据，进行数据内容准确性检查并保证分组的正确顺序。使传输具有高可靠性，确保传输
据的正确性，不出现丢失或乱序。因此即使 Internet 暂时出现堵塞的情况下，TCP 也能够保
通信的可靠。

1.3 Socket 编程类型分类

笔记

一种是面向连接的 TCP 应用服务。

一种是面向无连接的 UDP（User Data Package）应用服务。通俗的理解就是，TCP 方式是
电话（连接性），UDP 方式是发短信（无连接）。接下来学习如何在 Android 上利用 TCP/IP
议使用 Socket 与 Server 进行通信。

Socket 编程，Socket 是应用层与 TCP/IP 协议簇通信的中间抽象层，Socket 是一组接口，
设计模式中，Socket 的设计就是门面模式，它把复杂的 TCP/IP 协议簇的内容隐藏在套接字
口后面，用户无需关心协议的实现，只需使用 Socket 提供的接口即可。

套接字使用 TCP 提供了两台计算机之间的通信机制。客户端程序创建一个套接字，并尝
连接服务器的套接字。当连接建立时，服务器会创建一个 Socket 对象。客户端和服务器现在
以通过对 Socket 对象的写入和读取来进行通信。

java.net.Socket 类代表一个套接字，并且 java.net.ServerSocket 类为服务器程序提供了一种
监听客户端，并与它们建立连接的机制。

举例：两台计算机通信过程。

在两台计算机之间使用套接字建立 TCP 连接的步骤：

服务器实例化一个 ServerSocket 对象，表示通过服务器上的端口通信。

服务器调用 ServerSocket 类的 accept() 方法，该方法将一直等待，直到客户端连接到服务
给定的端口。服务器正在等待时，一个客户端实例化一个 Socket 对象，指定服务器名称和
号来请求连接。

Socket 类的构造函数试图将客户端连接到指定的服务器和端口号。如果通信被建立，则在
端创建一个 Socket 对象能够与服务器进行通信。

在服务器端，accept() 方法返回服务器上一个新的 Socket 引用，该 Socket 连接到客户端的
ket。

连接建立后，通过使用 I/O 流进行通信，每一个 Socket 都有一个输出流和一个输入流，客
端的输出流连接到服务器端的输入流，而客户端的输入流连接到服务器端的输出流。

TCP 是一个双向的通信协议，因此数据可以通过两个数据流在同一时间发送。以下是一
提供的一套完整有用的方法来实现 Socket。

服务器应用程序通过使用 java.net.ServerSocket 类的构造方法获取一个端口，并且侦听客
请求。如果 ServerSocket 构造方法没有抛出异常，就意味着应用程序已经成功绑定到指定
口，并且侦听客户端请求。

当 Socket 构造方法被调用时，并没有直接去实例化一个 Socket 对象，而它会尝试连接到
的服务器和端口。

9.1.4 TCP/IP 五层网络架构

TCP/IP 五层网络架构包括应用层、传输层、网络层、数据链路层、物理层，其中网络~
是根据提供的 IP 地址端口号，找到对应的主机和应用；传输层通过端口号将数据传输到~
的进程，来实现进程之间的通信。

（1）端口号

0～1023：分配给系统进程之间使用的，普通应用不能使用。

1024～49151：登记端口，主要让第三方应用使用的。

49152～65535：短暂端口号，是留给客户选择暂时使用的，一个进程使用完可以供其~
程使用；也就是说 TCP 能使用的端口号为 1024～65535。

（2）客户端和服务端结构（Client & Server）

定义：即客户端/服务器结构，是软件系统体系结构。

作用：充分利用两端硬件环境的优势，将任务合理分配到 Client 端和 Server 端来实现~
低了系统的通信开销。

Socket 正是使用这种结构建立连接的，一个套接字接客户端，一个套接字接服务器，~
图 9-1。

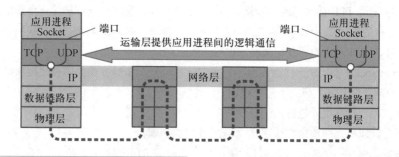

图 9-1
客户端和服务端结构

可以看出，Socket 的使用可以基于 TCP 或者 UDP 协议。相当于 Socket 是数据的封装~
TCP 和 UDP 就是传输工具；TCP 传输控制协议，是一种传输层的通信协议；其特点是，面~
连接，使用 TCP 传输数据之前先建立连接，传输完成后释放链接。类似打电话、拨号、接~
交流、挂机的过程；全双工通信，一旦建立 TCP 连接，双方在任何时候可以向对方发送数~
可靠性，传输数据无差错，不丢失，不重复，并且按顺序从小到大；面向字节流，流是指注~
到进程或从进程流出的字符序列。简单来说，虽然有时候要传输的数据流太大，TCP 报文~
有限制，不能一次传输完，要把它分为好几个数据块，但是由于可靠性保证，接收方可以打~
序接收数据块然后重新组成分块之前的数据流，所以 TCP 看起来就像直接互相传输字节流~
样，面向字节流。握手，TCP 3 次握手，TCP 是主机对主机层的传输控制协议，提供可靠~
接服务，采用 3 次握手确认建立一个连接。位码即 tcp 标志位，有 6 种标示，分别是 S~
（synchronous 建立联机）、ACK（acknowledgement 确认）、PSH（push 传送）、FIN（finis~
束）、RST（reset 重置）、URG（urgent 紧急）、Sequence number（顺序号码）、Acknowledge num~
（确认号码）。

第 1 次握手：主机 A 发送位码为 syn = 1，随机产生 seq number=1234567 的数据~
服务器，并进入 SYN_SEND 状态等待服务器确认，主机 B 由 SYN=1 知道，A 要求~
联机。

第 2 次握手：主机 B 收到请求后要确认联机信息，向 A 发送 ack number=(主机 A 的 seq+1)，
=1，ack=1，随机产生 seq=7654321 的包。

第 3 次握手：主机 A 收到后检查 ack number 是否正确，即第一次发送的 seq number+1，
及位码 ack 是否为 1，若正确，主机 A 会再发送 ack number=(主机 B 的 seq+1)，ack=1，主机
收到后确认 seq 值与 ack=1，则连接建立成功，如图 9-2 所示。

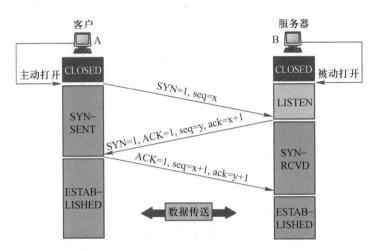

图 9-2
三次握手

1.5 TCP/IP 案例

以下是一个 Android 中通过 TCP 来实现数据的交换的案例。通过网络调试助手测试发送
息，如图 9-3 所示。

微课 9-2
TCP/IP 案例

图 9-3
网络调试助手

Client 接收并显示出来，如图 9-4 所示。

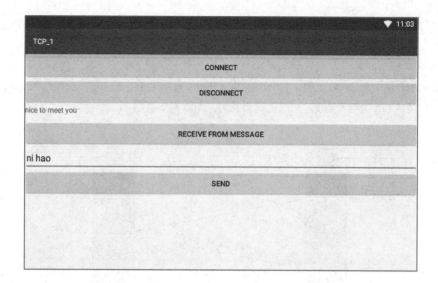

图 9-4
TCP 客户端

具体内容如下。

步骤 1：创建一个 Android 项目，项目名称为 Tcp_1。

步骤 2：选中 layout，双击默认的 XML 文件 activity_main，进行内容修改。

```xml
<?xml version="1.0" encoding="utf-8"?>
<LinearLayout xmlns:android="http://schemas.android.com/apk/res/android"
    xmlns:tools="http://schemas.android.com/tools"
    android:layout_width="match_parent"
    android:layout_height="match_parent"
    android:orientation="vertical"
    tools:context="scut.carson_ho.socket_carson.MainActivity">
    <Button
        android:id="@+id/connect"
        android:layout_width="match_parent"
        android:layout_height="wrap_content"
        android:text="connect" />
    <Button
        android:id="@+id/disconnect"
        android:layout_width="match_parent"
        android:layout_height="wrap_content"
        android:text="disconnect" />
    <TextView
        android:id="@+id/receive_message"
        android:layout_width="match_parent"
        android:layout_height="wrap_content" />
    <Button
        android:id="@+id/Receive"
        android:layout_width="match_parent"
        android:layout_height="wrap_content"
        android:text="Receive from message" />
    <EditText
        android:id="@+id/edit"
```

```
        android:layout_width="match_parent"
        android:layout_height="wrap_content" />
    <Button
        android:id="@+id/send"
        android:layout_width="match_parent"
        android:layout_height="wrap_content"
        android:text="send"/>
</LinearLayout>
```

步骤 3：修改 MainAcitivty 文件内容。

① 创建主变量。

```
//主线程 Handler
    //用于将从服务器获取的消息显示出来
    private Handler mMainHandler;
    //Socket 变量
    private Socket socket;
    //线程池
    //为了方便展示，此处直接采用线程池进行线程管理，而没有一个一个开线程
    private ExecutorService mThreadPool;
```

② 创建接收服务器消息变量。

```
//输入流对象
InputStream is;
//输入流读取器对象
InputStreamReader isr ;
BufferedReader br ;
//接收服务器发送过来的消息
String response;
```

③ 创建发送消息到服务器变量。

```
//输出流对象
OutputStream outputStream;
```

④ 创建按钮变量。

```
//连接、断开连接、发送数据到服务器的按钮变量
private Button btnConnect, btnDisconnect, btnSend;
//定义显示接收服务器消息文本组件
private TextView Receive,receive_message;
//定义输入需要发送的消息输入框
private EditText mEdit;
```

⑤ 初始化操作。

```
//初始化所有按钮
btnConnect = (Button) findViewById(R.id.connect);
btnDisconnect = (Button) findViewById(R.id.disconnect);
btnSend = (Button) findViewById(R.id.send);
```

```
mEdit = (EditText) findViewById(R.id.edit);
receive_message = (TextView) findViewById(R.id.receive_message);
Receive = (Button) findViewById(R.id.Receive);
//初始化线程池
mThreadPool = Executors.newCachedThreadPool();
```

⑥ 实例化主线程，用于更新接收过来的消息。

```
mMainHandler = new Handler() {
    @Override
    public void handleMessage(Message msg) {
        switch (msg.what) {
            case 0:
                receive_message.setText(response);
                break;
        }
    }
};
```

⑦ 创建客户端和服务器的连接。

```
btnConnect.setOnClickListener(new View.OnClickListener() {
    @Override
    public void onClick(View v) {
    //利用线程池直接开启一个线程和执行该线程
        mThreadPool.execute(new Runnable() {
            @Override
            public void run() {
                try {
                    //创建 Socket 对象，指定服务端的 IP 及端口号
                    socket = new Socket("192.168.1.172", 8989);
                    //判断客户端和服务器是否连接成功
                    System.out.println(socket.isConnected());
                } catch (IOException e) {
                    e.printStackTrace();
                }
            }
        });
    }
});
```

⑧ 接收服务器消息，在这里要注意在网络上，readLine()是阻塞模式，也就是说 readLine()读取不到数据，会一直阻塞，而不是返回 null，所以如果想要在 while 循环后执行关操作是不可能的，因为 while()里面是一个死循环，一旦读不到数据，它又开始阻塞，因此永远也无法执行 while()循环外面的操作，应该把操作放在 while 循环里面。

```
Receive.setOnClickListener(new View.OnClickListener() {
    @Override
    public void onClick(View v) {
        //利用线程池直接开启一个线程和执行该线程
```

```
mThreadPool.execute(new Runnable() {
    @Override
    public void run() {
        try {
            //步骤 1：创建输入流对象 InputStream
            is = socket.getInputStream();
            //步骤 2：创建输入流读取器对象，并传入输入流对象
            //该对象作用：获取服务器返回的数据
            isr = new InputStreamReader(is);
            br = new BufferedReader(isr);
            //步骤 3：通过输入流读取器对象，接收服务器发送过来的数据
            while ((response = br.readLine())!=null)
            {
                //步骤 4：通知主线程，将接收的消息显示到界面
                Message msg = Message.obtain();
                msg.what = 0;
                mMainHandler.sendMessage(msg);
            }
        } catch (IOException e) {
            e.printStackTrace();
        }
    }
});
    }
});
```

⑨ 发送消息给服务器。

```
btnSend.setOnClickListener(new View.OnClickListener() {
    @Override
    public void onClick(View v) {
        //利用线程池直接开启一个线程和执行该线程
        mThreadPool.execute(new Runnable() {
            @Override
            public void run() {
                try {
                    //步骤 1：从 Socket 获得输出流对象 OutputStream
                    //该对象作用：发送数据
                    outputStream = socket.getOutputStream();
                    //步骤 2：写入需要发送的数据到输出流对象中
                    outputStream.write((mEdit.getText().toString()+"\n").getBytes("utf-8"));
                    //特别注意：数据的结尾加上换行符才可让服务器端的 readline() 停止阻塞
                    //步骤 3：发送数据到服务端
                    outputStream.flush();
                } catch (IOException e) {
                    e.printStackTrace();
```

```
                              }
                          }
                  });
              }
          });
```

⑩ 断开客户端和服务器的连接。

```
btnDisconnect.setOnClickListener(new View.OnClickListener() {
    @Override
    public void onClick(View v) {
        try {
            //断开客户端发送到服务器的连接，即关闭输出流对象 OutputStream
            outputStream.close();
            //断开服务器发送到客户端的连接，即关闭输入流读取器对象 Buffered
            //Reader
            br.close();
            //最终关闭整个 Socket 连接
            socket.close();
            //判断客户端和服务器是否已经断开连接
            System.out.println(socket.isConnected());
        } catch (IOException e) {
            e.printStackTrace();
        }
    }
});
```

9.2 HTTP

微课 9-3
HTTP 概述及案例

9.2.1 HTTP 概述

HTTP（HyperText Transfer Protocol，超文本传输协议）是一种应用层协议，可以通过层的 TCP 在客户端和服务器之间传输数据。HTTP 主要用于 Web 浏览器和 Web 服务器之数据交换。在使用 IE 或 Firefox 浏览网页或下载 Web 资源时，通过在地址栏中 http://host:port/path，开头的 4 个字母 http 就相当于通知浏览器使用 HTTP 来和 host 所确定务器进行通信。

无论是从事网络程序开发，还是 Web 开发，或是网站的维护人员，都必须对 HTTP 个比较深入的了解。因此，HTTP 不仅是 Internet 上应用最为广泛的协议，也是应用协议中比较简单的一种入门级协议；而且所有的 Web 服务器无一例外地都支持 HTTP。这也充说明，对于那些开发网络程序，尤其是开发各种类型的 Web 服务器的开发人员，透彻地 HTTP 将对所开发的基于 HTTP 的系统产生直接的影响。

2.2 HTTP 的工作原理

HTTP 的工作原理大致可以理解为：客户端向服务器发出一条 HTTP 请求，服务器收到请
返回一些数据给客户端，客户端对收到数据解析。

在 Android 6.0 以前，Android 上发送 HTTP 请求主要有 HttpURLConnection 和 HttpClient
方式。其中 HttpClient 存在过多的 API 且难扩展，于是在 Android 6.0 系统中，HttpClient
全移除，如需使用，需导入相应文件。这里介绍 HttpURLConnection 的基本使用方法，然
下来介绍一种当下比较流行的网络通信库 Okhttp，如图 9-5 所示。

➢ 客户端连接服务器实现内部的原理如下：

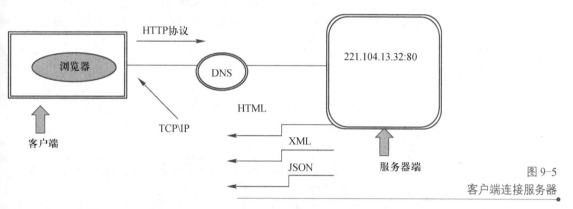

图 9-5
客户端连接服务器

分析图 9-5，可以将步骤分解如下。

第 1 步：在浏览器客户端中得到用户输入的内容。

第 2 步：浏览器得到这个网址之后，内部会将这个域名发送到 DNS 上，进行域名解析。
它的 IP 之后就会链接到指定的服务器上，如服务器的地址是 221.104.13.32:80，从浏览器
务器端口它使用到最底层的 TCP/IP 协议。

第 3 步：实现 TCP/IP 协议用 Socket 来完成，使用了 Socket 的套接字。

第 4 步：服务器端的 80 端口监听客户端的链接，这样客户端到服务器就链接上了。

服务器接收到这些内容之后，并按照这些请求的路径找到对应的页面，进一步找到对应的
内容，返回给客户端。

通俗而言，用户在浏览器输入网址，通过 HTTP 协议发出去，网址经过 DNS 域名解析，
或指定的 IP 地址，并在 80 端口上监听用户的请求。服务器监听到请求之后，会以 3 种方
回给客户端，分别是 HTML、XML、JSON。

HTTP 返回请求数据有如下 3 种方式。

① 以 HTML 代码内容返回。

② 以 XML 字符串的形式返回，在以后的 Android 开发中以这种形式返回的数据比较多。

③ 以 JSON 对象形式返回,在网络流量上考虑 JSON 要比 XML 方式要好一些,便于解析。

3 HTTP 请求方式

GET：请求获取 Request-Uri 所标识的资源。

POST：在 Request-Uri 所标识的资源后附加新的数据。

GET 和 POST 是比较常见的 HTTP 请求方式, 此外还有 HEAD、PUT、DELETE、TRACE、

CONNECT、OPTIONS 多种方式。

9.2.4　HTTP 响应码信息

```
200 OK                    //客户端请求成功
400 Bad Request           //客户端请求有语法错误，不能被服务器所理解
401 Unauthorized          //请求未经授权，这个状态码必须和 WWW-Authenticate 报头一
                          //起使用
403 Forbidden             //服务器收到请求，但拒绝提供服务
404 Not Found             //请求资源不存在，大多是输入了错误的 URL
500 Internal Server Error //服务器发生不可预期的错误
503 Server Unavailable    //服务器不能处理当前客户端的请求，一段时间后可能会恢
                          //复正常
```

9.2.5　HTTP 案例

通过 Android 的 HTTP 协议获取网页后台的数据。

步骤 1：创建一个 Android 项目，项目名称为 Http_1。

步骤 2：修改 activity_main.xml 代码如下。

```xml
<LinearLayout xmlns:android="http://schemas.android.com/apk/res/android"
    xmlns:tools="http://schemas.android.com/tools"
    android:layout_width="match_parent"
    android:layout_height="match_parent"
    android:orientation="vertical"
    tools:context=".MainActivity" >
    <Button
        android:id="@+id/button1"
        android:layout_width="match_parent"
        android:layout_height="wrap_content"
        android:text="Send Request" />
    <ScrollView
        android:layout_width="match_parent"
        android:layout_height="match_parent" >
        <TextView
            android:id="@+id/TextView1"
            android:layout_width="match_parent"
            android:layout_height="wrap_content"
            android:text="@string/hello_world" />
    </ScrollView>
</LinearLayout>
```

布局文件中，用一个 ScrollView 来包裹 TextView。借助 ScrollView 控件，可以允许以滚动的形式查看屏幕外的那部分内容。

步骤 3：修改 MainAcitivty 文件内容。

① 创建主变量。

```java
public static final int SHOW_RESPONSE = 0;
private Button button_sendRequest;
```

```
    private TextView textView_response;
```

② 新建 Handler 的对象。

```
    private Handler handler = new Handler() {
        @Override
        public void handleMessage(Message msg) {
            super.handleMessage(msg);
            switch (msg.what) {
            case SHOW_RESPONSE:
                String response = (String) msg.obj;
                textView_response.setText(response);
                break;
            default:
                break;
            }
        }
    };
```

③ 初始化操作。

```
    textView_response = (TextView)findViewById(R.id.TextView1);
    button_sendRequest = (Button)findViewById(R.id.button1);
```

④ 执行 sendRequestWithHttpClient()方法里面的线程。

```
    button_sendRequest.setOnClickListener(new OnClickListener() {
        @Override
        public void onClick(View v) {
            //TODO Auto-generated method stub
            sendRequestWithHttpClient();
        }
    });
```

⑤ 发送网络请求，并开启线程。

```
        private void sendRequestWithHttpClient() {
            new Thread(new Runnable() {
                @Override
                public void run() {
                    //用 HttpClient 发送请求，分为以下 5 步
                    //第 1 步：创建 HttpClient 对象
                    HttpClient httpCient = new DefaultHttpClient();
                    //第 2 步：创建代表请求的对象，参数是访问的服务器地址
                    HttpGet httpGet = new HttpGet("http://www.baidu.com");
                    try {
                        //第 3 步：执行请求，获取服务器返还的相应对象
                        HttpResponse httpResponse = httpClient.execute(http- Get);
                        //第 4 步：检查相应的状态是否正常，检查状态码的值为 200 表示正常
                        if (httpResponse.getStatusLine().getStatusCode() = = 200) {
                            //第 5 步：从相应对象当中取出数据，放到 entity 中
```

```
                                        HttpEntity entity = httpResponse.getEntity();
                                        String response = EntityUtils.toString(entity, "utf-8");
                                        //将 entity 中的数据转换为字符串
                                        //在子线程中将 Message 对象发出去
                                        Message message = new Message();
                                        message.what = SHOW_RESPONSE;
                                        message.obj = response.toString();
                                        handler.sendMessage(message);
                                    }
                                } catch (Exception e) {
                                    // TODO Auto-generated catch block
                                    e.printStackTrace();
                                }
                            }
                        }).start();//这个 start()方法须记住
                    }
                }
```

步骤 4：声明访问网络的权限。

```
<uses-permission android:name="android.permission.INTERNET"/>
```

9.3 UDP

微课 9-4
UDP 概述及案例

9.3.1 UDP 概述

UDP（User Datagram Protocol，用户数据包协议）是 OSI 参考模型中一种无连接的传协议，提供面向事务的简单不可靠信息传送服务。在网络中它与 TCP 一样用于处理数据包OSI 参考模型中，在第 4 层传输层，处于 IP 的上一层。UDP 有不提供数据报分组、组装能对数据包的排序的缺点，也就是说，当报文发送之后，是无法得知其是否安全完整到达UDP 用来支持那些需要在计算机之间传输数据的网络应用。包括网络视频会议系统在内的的客户/服务器模式的网络应用都需要使用 UDP。UDP 从问世至今已经被使用了很多年，其最初的光彩已经被一些类似协议所掩盖，但是即使是在今天，UDP 仍然不失为一项非常和可行的网络传输层协议。

与所熟知的 TCP（传输控制协议）一样，UDP 直接位于 IP（网际协议）的顶层。根据参考模型，UDP 和 TCP 都属于传输层协议。

UDP 的主要作用是将网络数据流量压缩成数据报的形式。一个典型的数据报就是一进制数据的传输单位。每一个数据报的前 8 个字节用来包含报头信息，剩余字节则用来包体的传输数据。

3.2 UDP 通信建立的步骤

（1）UDP 客户端通信建立过程

UDP 客户端首先向被动等待联系的服务器发送一个数据报文。一个典型的 UDP 客户端要过下面 3 步操作。

第 1 步：创建一个 DatagramSocket 实例，可以有选择地对本地地址和端口号进行设置，果设置了端口号，则客户端会在该端口号上监听从服务器端发送来的数据。

第 2 步：使用 DatagramSocket 实例的 send()和 receive()方法来发送和接收 DatagramPacket 例，进行通信。

第 3 步：通信完成后，调用 DatagramSocket 实例的 close()方法来关闭该套接字。

（2）UDP 服务端建立过程

由于 UDP 是无连接的，因此 UDP 服务端不需要等待客户端的请求以建立连接。另外，P 服务器为所有通信使用同一套接字，这点与 TCP 服务器不同，TCP 服务器则为每个成功回的 accept()方法创建一个新的套接字。一个典型的 UDP 服务端要经过下面 3 步操作。

第 1 步：创建一个 DatagramSocket 实例，指定本地端口号，并可以有选择地指定本地地此时，服务器已经准备好从任何客户端接收数据报文。

第 2 步：使用 DatagramSocket 实例的 receive()方法接收一个 DatagramPacket 实例，当 receive()法返回时，数据报文就包含了客户端的地址，这样就知道了回复信息应该发送到什么地方。

第 3 步：使用 DatagramSocket 实例的 send()方法向服务器端返回 DatagramPacket 实 UDP 在 receive()方法处阻塞，直到收到一个数据报文或等待超时。由于 UDP 协议是不可靠协议，果数据报在传输过程中发生丢失，那么程序将会一直阻塞在 receive()方法处，这样客户端将远都接收不到服务器端发送回来的数据，但是又没有任何提示。为了避免这个问题，在客户用 DatagramSocket 类的 setSoTimeout()方法来制定 receive()方法的最长阻塞时间，并指定数据报的次数，如果每次阻塞都超时，并且重发次数达到了设置的上限，则关闭客户端。

3.3 UDP 案例

本案例给出一个客户端服务端 UDP 通信的 Demo（没有用多线程），该客户端在本地 9000 口监听接收到的数据，并将字符串"Hello UDPserver"发送到本地服务器的 3000 端口，服务端地 3000 端口监听接收到的数据，如果接收到数据，则返回字符串"Hello UDPclient"到该客端的 9000 端口。在客户端，由于程序可能会一直阻塞在 receive()方法处，因此在客户端用 agramSocket 实例的 setSoTimeout()方法来指定 receive()方法的最长阻塞时间，并设置重发数 次数，如果最终依然没有接收到从服务端发送回来的数据，就关闭客户端。

如果服务器端先运行，而客户端还没有运行，则服务端运行结果如图 9-6 所示。

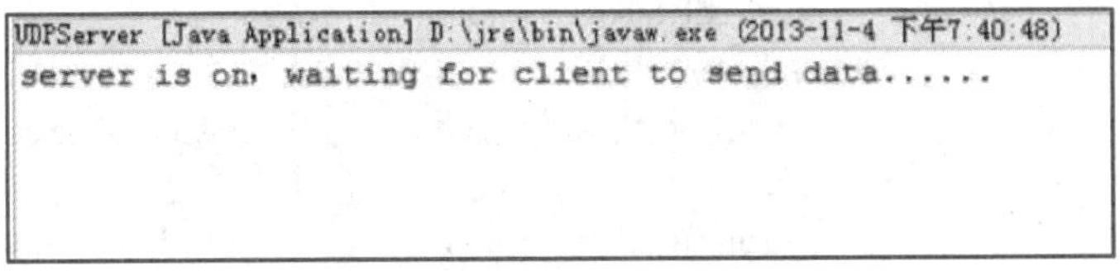

```
UDPServer [Java Application] D:\jre\bin\javaw.exe (2013-11-4 下午7:40:48)
server is on, waiting for client to send data......
```

图 9-6
服务端运行结果

此时，如果客户端运行，将向服务端发送数据，并接受从服务端发送回来的数据，此时运果如图 9-7 所示。

图 9-7
客户端运行结果

具体编程步骤如下。

步骤 1：创建一个 Android 项目，项目名称为 Udp_1。

步骤 2：新建 UDPClient.java 类。

```java
public class UDPClient {
    private static final int TIMEOUT = 5000;        //设置接收数据的超时时间
    private static final int MAXNUM = 5;            //设置重发数据的最多次数
    public static void main(String args[])throws IOException{
        String str_send = "Hello UDPserver";
        byte[] buf = new byte[1024];
        //客户端在 9000 端口监听接收到的数据
        DatagramSocket ds = new DatagramSocket(9000);
        InetAddress loc = InetAddress.getLocalHost();
        //定义用来发送数据的 DatagramPacket 实例
        DatagramPacketdp_send= new DatagramPacket(str_send.get- Bytes(), st
send.length(), loc, 3000);
        //定义用来接收数据的 DatagramPacket 实例
        DatagramPacket dp_receive = new DatagramPacket(buf, 1024);
        //数据发向本地 3000 端口
        ds.setSoTimeout(TIMEOUT);                //设置接收数据时阻塞的最长时间
        int tries = 0;                           //重发数据的次数
        boolean receivedResponse = false;        //是否接收到数据的标志位
        //直到接收到数据，或者重发次数达到预定值，则退出循环
        while(!receivedResponse && tries<MAXNUM){
            //发送数据
            ds.send(dp_send);
            try{
                //接收从服务端发送回来的数据
                ds.receive(dp_receive);
                //如果接收到的数据不是来自目标地址，则抛出异常
                if(!dp_receive.getAddress().equals(loc)){
                    throw new IOException("Received packet from an unknown source'
                }
                //如果接收到数据。则将 receivedResponse 标志位改为 true，从而退
                //出循环
                receivedResponse = true;
            }catch(InterruptedIOException e){
                //如果接收数据时阻塞超时，重发并减少一次重发的次数
                tries += 1;
                System.out.println("Time out，" + (MAXNUM - tries) + " more tries..
            }
        }
        if(receivedResponse){
```

```
                                //如果收到数据，则打印出来
                                System.out.println("client received data from server：");
                                String str_receive = new String(dp_receive.getData(), 0, dp_receive. getLength()) +
om " + dp_receive.getAddress().getHostAddress() + ":" + dp_receive.getPort();
                                System.out.println(str_receive);
                                //由于 dp_receive 在接收数据之后，其内部消息长度值会变为实际接
                                //收消息的字节数，所以这里要将 dp_receive 的内部消息长度重新置
                                //为 1024
                                dp_receive.setLength(1024);
                        }else{
                            //如果重发 MAXNUM 次数据后，仍未获得服务器发送回来的数据，则打印
                            //如下信息
                                System.out.println("No response -- give up.");
                        }
                        ds.close();
                }
        }
```

步骤 3：新建 UDPServer.java 类。

```
        package zyb.org.UDP;
        import java.io.IOException;
        import java.net.DatagramPacket;
        import java.net.DatagramSocket;

        public class UDPServer {
                public static void main(String[] args)throws IOException{
                        String str_send = "Hello UDPclient";
                        byte[] buf = new byte[1024];
                        //服务端在 3000 端口监听接收到的数据
                        DatagramSocket ds = new DatagramSocket(3000);
                        //接收从客户端发送过来的数据
                        DatagramPacket dp_receive = new DatagramPacket(buf, 1024);
                        System.out.println("server is on, waiting for client to send data......");
                        boolean f = true;
                        while(f){
                                //服务器端接收来自客户端的数据
                        ds.receive(dp_receive);
                        System.out.println("server received data from client:");
                        String str_receive = new String(dp_receive.getData(), 0, dp_receive.getLength()) +
m " + dp_receive.getAddress().getHost- Address() + ":" + dp_receive.getPort();
                                System.out.println(str_receive);
                                //数据发动到客户端的 3000 端口
                                DatagramPacket dp_send= new DatagramPacket(str_send. getBytes(),
end.length(), dp_receive.getAddress()，9000);
                                ds.send(dp_send);
                                //由于 dp_receive 在接收数据之后，其内部消息长度值会变为实际接
                                //收消息的字节数，所以这里要将 dp_receive 的内部消息长度重新置
                                //为 1024
```

```
                              dp_receive.setLength(1024);
                    }
                ds.close();
            }
        }
```

9.4 Android 网络之旅综合案例

本案例将完成在简单的聊天室功能，服务端和 Android 端可以一起聊天，服务器端界面
图 9-8 所示，模拟器中的界面如图 9-9 所示，手机端界面如图 9-10 所示。此案例详细代
代码案例 9 综合案例，参考代码配套资源。这里仅罗列主要步骤代码。

图 9-8
服务器端

图 9-9
模拟器界面

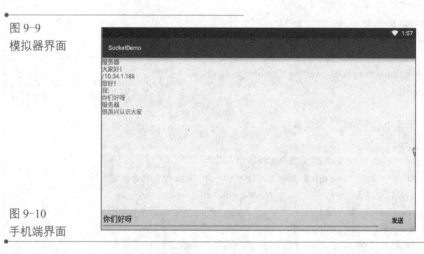

图 9-10
手机端界面

上述 3 个界面可以同时聊天，这就是一个简易的聊天工具。

步骤 1：新建一个 Android 工程，命名为 SocketDemo。

步骤 2：创建 Java 测试类，右击 app，在弹出的快捷菜单中选择 New→Module 命令
图 9-11 所示。

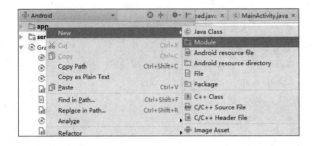

图 9-11
新建 Module

随后打开 New Module 界面，如图 9-12 所示，选择 Java Library 选项，单击 Next 按钮。

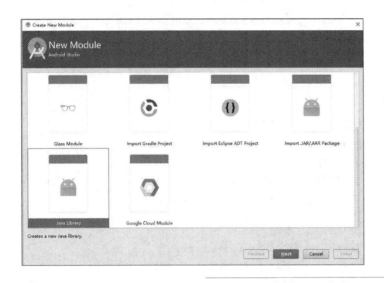

图 9-12
选择 Java Library

在打开的创建 Library 界面中，在 Library name 文本框中输入 service，在 Java class name 文本框中输入 Test，如图 9-13 所示，单击 Finish 按钮完成。

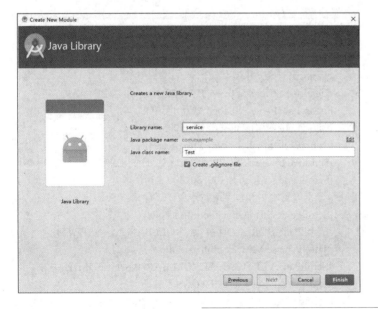

图 9-13
Java 测试类 Test 建立完成

步骤 3：完善 Test.java 类内容，代码如下。

```
public class Test {
    public static void main(String[] args) {
        // TODO Auto-generated method stub
        new Chatroom();
    }
}
```

步骤 4：接下来创建服务端的界面，新建类名为 Chatroom，如图 9-14 所示。

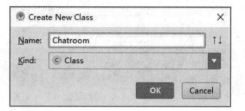

图 9-14

新建类 Chatroom

文件中代码如下。

```
public class Chatroom extends JFrame implements Server.OnService-
Listener, ActionListener {
    private JLabel clientLabel;
    private JList clientList;
    private JLabel historyLabel;
    private JScrollPane jScrollPane;
    private JTextArea historyContentLabel;
    private JTextField messageText;
    private JButton sendButton;
    private Server server;
    private StringBuffer buffers;
    public Chatroom() {
        buffers = new StringBuffer();
        clientLabel = new JLabel("客户列表");
        clientLabel.setBounds(0, 0, 100, 30);
        clientList = new JList<>();
        clientList.setBounds(0, 30, 100, 270);
        historyLabel = new JLabel("聊天记录");
        historyLabel.setBounds(100, 0, 500, 30);
        historyContentLabel = new JTextArea();
        jScrollPane=new JScrollPane(historyContentLabel);
        jScrollPane.setBounds(100, 30, 500, 230);
        //分别设置水平和垂直滚动条自动出现
        jScrollPane.setHorizontalScrollBarPolicy(
        JScrollPane.HORIZONTAL_SCROLLBAR_AS_NEEDED);
        jScrollPane.setVerticalScrollBarPolicy(
        JScrollPane.VERTICAL_SCROLLBAR_AS_NEEDED);
        messageText = new JTextField();
        messageText.setBounds(100, 270, 440, 30);
        sendButton = new JButton("发送");
```

```java
            sendButton.setBounds(540, 270, 60, 30);
            sendButton.addActionListener(this);
            this.setLayout(null);
            add(clientLabel);
            add(clientList);
            add(historyLabel);
            add(jScrollPane);
            add(messageText);
            add(sendButton);
            //设置窗体
            this.setTitle("聊天室");                          //窗体标签
            this.setSize(600, 330);                          //窗体大小
            this.setLocationRelativeTo(null);               //在屏幕中间显示（居中显示）
            this.setDefaultCloseOperation(JFrame.EXIT_ON_CLOSE);
                                                            //退出关闭 JFrame
            this.setVisible(true);                          //显示窗体
            this.setResizable(false);
            server = new Server();
            server.setOnServiceListener(this);
            server.start();
        }
        @Override
        public void onClientChanged(List<Client> clients) {
            // TODO Auto-generated method stub
            clientList.setListData(clients.toArray());
        }
        @Override
        public void onNewMessage(String message, Client client) {
            // TODO Auto-generated method stub
            buffers.append(client.getSocket().getInetAddress().toStri- ng()+"\n");
            buffers.append(message+"\n");
            historyContentLabel.setText(buffers.toString());
        }
        @Override
        public void actionPerformed(ActionEvent e) {
            // TODO Auto-generated method stub
            if (e.getSource() == sendButton) {
                server.snedMessage("服务器#"+messageText.getText().toStr- ing());
                buffers.append("服务器"+"\n");
                buffers.append(messageText.getText().toString()+"\n");
                historyContentLabel.setText(buffers.toString());
            }
        }
    }
```

步骤 5：接下来要实现的就是服务线程的代码，服务端最核心的一个东西就是 erSocket，通过 serversocket 循环监听客户端的链接，并且把已经链接的客户端保存起来。 类 Server.java，代码如下。

```java
public class Server extends Thread {
    public interface OnServiceListener {
        void onClientChanged(List<Client> clients);
        void onNewMessage(String message, Client client);
    }
    private OnServiceListener listener;
    public void setOnServiceListener(OnServiceListener listener) {
        this.listener = listener;
    }
    boolean started = false;
    ServerSocket ss = null;
    List<Client> clients = new ArrayList<Client>();
    @Override
    public void run() {
        // TODO Auto-generated method stub
        super.run();
        try {
            ss = new ServerSocket(8888);
            started = true;
            System.out.println("server is started");
        } catch (BindException e) {
            System.out.println("port is not available....");
            System.out.println("please restart");
            System.exit(0);
        } catch (IOException e) {
            e.printStackTrace();
        }
        try {
            while (started) {
                Socket s = ss.accept();
                Client c = new Client(s, Server.this);
                System.out.println("a client connected!");
                new Thread(c).start();
                addClient(c);
            }
        } catch (IOException e) {
            e.printStackTrace();
        } finally {
            try {
                ss.close();
            } catch (IOException e) {
                e.printStackTrace();
            }
        }
    }
    public synchronized void snedMessage(String msg) {
        for (Client client1 : clients) {
            client1.send(msg);
```

```
        }
    }
    public synchronized void newMessage(String msg, Client client) {
        if (listener != null) {
            listener.onNewMessage(msg, client);
            for (Client client1 : clients) {
                if (!client1.equals(client)) {
                    client1.send(client1.getSocket().getInetAddress() + "#" + msg);
                }
            }
        }
    }
    public synchronized void addClient(Client client) {
        clients.add(client);
        if (listener != null) {
            listener.onClientChanged(clients);
        }
    }
    public synchronized void removeClient(Client client) {
        clients.remove(client);
        if (listener != null) {
            listener.onClientChanged(clients);
        }
    }
}
```

步骤 6：定义一个 Client 线程类 Client.java，作为服务端对应的客户端类最重要的就是 et 类，在这个 Client 类中加了 get 方法，toString、hash 以及 equals 也都围绕 Socket，因 是这个类的核心。另外，对于消息的接收放在 while 循环中，对于消息的发送调用 Socket iteUTF 方法实现。具体代码如下。

```
public class Client implements Runnable{
    private Socket s;
    private DataInputStream dis = null;
    private DataOutputStream dos = null;
    private boolean bConnected = false;
    private Server server;
    public Socket getSocket() {
        return s;
    }
    public Client(Socket s, Server ser) {
        this.s=s;
        this.server = ser;
        try {
            dis = new DataInputStream(s.getInputStream());
            dos = new DataOutputStream(s.getOutputStream());
            bConnected = true;
        } catch (IOException e) {
```

```
                    e.printStackTrace();
                }
        }
        public void send(String str) {
            try {
                dos.writeUTF(str);
            } catch (IOException e) {
                server.removeClient(this);
            }
        }
        public void run() {
            try {
                while (bConnected) {
                    String str = dis.readUTF();
                    server.newMessage(str,this);
                }
            } catch (EOFException e) {
                System.out.println("Client closed!");
            } catch (IOException e) {
                e.printStackTrace();
            } finally {
                try {
                    if (dis != null)
                        dis.close();
                    if (dos != null)
                        dos.close();
                    if (s != null) {
                        server.removeClient(this);
                        s.close();
                    }
                } catch (IOException e1) {
                    e1.printStackTrace();
                }
            }
        }
        @Override
        public boolean equals(Object o) {
            if (this == o) return true;
            if (o == null || getClass() != o.getClass()) return false;
            Client client = (Client) o;
            return s.equals(client.s);
        }
        @Override
        public int hashCode() {
            return s.hashCode();
        }
        @Override
        public String toString() {
```

```
        // TODO Auto-generated method stub
        return s.toString();
    }
}
```

步骤 7：接下来完成客户端界面文件 activity_main.xml 文件，效果如图 9-15 所示。

图 9-15
客户端界面

文件内容请读者试着独立完成，参考代码请见电子资源。

步骤 8：创建 SocketThread 线程主要是实现消息的发送和接收，这里同样以回调的方式来
以下是 Android 端 Client 的实现，代码如下。

```
public class SocketThread extends Thread {
    public interface OnClientListener {
        void onNewMessage(String msg);
    }
    private OnClientListener onClientListener;
    public void setOnClientListener(OnClientListener onClientList- ener) {
        this.onClientListener = onClientListener;
    }
    private Socket socket;
    private boolean isConnected = false;
    private DataInputStream dataInputStream;
    private DataOutputStream dataOutputStream;
    public SocketThread(OnClientListener onClientListener) {
        this.onClientListener = onClientListener;
    }
    public void disconnect() {
        try {
            dataInputStream.close();
            dataOutputStream.close();
```

```java
                    socket.close();
                } catch (IOException e) {
                    e.printStackTrace();
                }
            }
            @Override
            public void run() {
                super.run();
                try {
                    //创建一个 Socket 对象，并指定服务端的 IP 及端口号
                    socket = new Socket("10.34.1.188", 8888);
                    dataInputStream = new DataInputStream(socket.getInput-Stream());
                    dataOutputStream = new DataOutputStream(socket.getOutput-Stream());
                    System.out.println("~~~~~~~连接成功~~~~~~!");
                    isConnected = true;
                } catch (UnknownHostException e) {
                    e.printStackTrace();
                } catch (IOException e) {
                    e.printStackTrace();
                }
                while (isConnected) {
                    try {
                        while (isConnected) {
                            String str = dataInputStream.readUTF();
                            if (str != null) {
                                if (onClientListener != null) {
                                    onClientListener.onNewMessage(str);
                                }
                            }
                        }
                    } catch (EOFException e) {
                        e.printStackTrace();
                    } catch (IOException e) {
                        e.printStackTrace();
                    } finally {
                        try {
                            if (dataInputStream != null)
                                dataInputStream.close();
                            if (dataOutputStream != null)
                                dataOutputStream.close();
                            if (socket != null) {
                                socket.close();
                            }
                        } catch (IOException e1) {
                            e1.printStackTrace();
                        }
                    }
                }
```

```
    }
    public void sendMessage(String message) {
        try {
            dataOutputStream.writeUTF(message);
        } catch (IOException e) {
            e.printStackTrace();
        }
    }

}
```

步骤 9：主 MainActivity.java 实现按钮监听与收发消息操作，代码如下。

```
    public class MainActivity extends AppCompatActivity implements SocketThread.OnClient
ener {
        private SocketThread socketThread;
        private StringBuilder stringBuilder = new StringBuilder();
        private TextView serviceTv;
        private EditText contentEt;
        private Button sendBtn;

        @Override
        protected void onCreate(Bundle savedInstanceState) {
            super.onCreate(savedInstanceState);
            setContentView(R.layout.activity_main);
            serviceTv = (TextView) findViewById(R.id.tv_service);
            contentEt = (EditText) findViewById(R.id.et_content);
            sendBtn = (Button) findViewById(R.id.btn_send);
            socketThread = new SocketThread(this);
            socketThread.start();
            sendBtn.setOnClickListener(new View.OnClickListener() {
                @Override
                public void onClick(View v) {
                    stringBuilder.append("我:\n");
                    stringBuilder.append(contentEt.getText().toString());
                    stringBuilder.append("\n");
                    serviceTv.setText(stringBuilder.toString());
                    socketThread.sendMessage(contentEt.getText().toString());
                }
            });
        }
        @Override
        protected void onDestroy() {
            super.onDestroy();
            socketThread.disconnect();
        }
```

```
@Override
public void onNewMessage(String msg) {
    Log.i("收到的信息 i",msg);
    String[] s = msg.split("#");
    stringBuilder.append(s[0]);
    stringBuilder.append("\n");
    stringBuilder.append(s[1]);
    stringBuilder.append("\n");
    runOnUiThread(new Runnable() {
        @Override
        public void run() {
            serviceTv.setText(stringBuilder.toString());
        }
    });
}
```

步骤 10：修改 AndroidManifest.xml 文件内容，增加权限访问，代码如下。

```
<?xml version="1.0" encoding="utf-8"?>
<manifest xmlns:android="http://schemas.android.com/apk/res/android"
        package="com.first.socketdemo">
<!--允许应用程序改变网络状态-->
<uses-permission android:name="android.permission.CHANGE_NETWORK_STATE"/>
<!--允许应用程序改变 WIFI 连接状态-->
<uses-permission android:name="android.permission.CHANGE_WIFI_STATE"/>
<!--允许应用程序访问有关的网络信息-->
<uses-permission android:name="android.permission.ACCESS_NETWORK_STAT
<!--允许应用程序访问 WIFI 网卡的网络信息-->
<uses-permission android:name="android.permission.ACCESS_WIFI_STATE"/>
<!--允许应用程序完全使用网络-->
<uses-permission android:name="android.permission.INTERNET"/>
<application
    android:allowBackup="true"
    android:icon="@mipmap/ic_launcher"
    android:label="@string/app_name"
    android:supportsRtl="true"
    android:theme="@style/AppTheme">
    <activity android:name=".MainActivity">
        <intent-filter>
            <action android:name="android.intent.action.MAIN" />
            <category android:name="android.intent.category.LAUN- CHER" /
        </intent-filter>
    </activity>
</application>
</manifest>
```

至此程序完成，可以调试看运行结果。

案例小结

虽然 HTTP 本身是一个协议，但其最终还是基于 TCP 的。目前，正在研究基于 TCP+UDP 的 HTTP。

Socket 是应用层与 TCP/IP 协议族通信的中间软件抽象层，它是一组接口。在设计模式中，
~~et~~ 其实就是一个门面模式，它把复杂的 TCP/IP 协议族隐藏在 Socket 接口后面，对用户来
一组简单的接口就是全部，让 Socket 去组织数据，以符合指定的协议。

这几个协议的关系如图 9-16 所示。

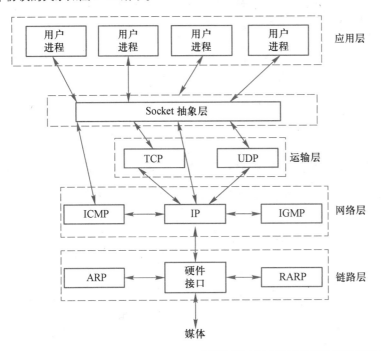

图 9-16
各协议关系图

TCP、UDP、HTTP 和 Socket 之间的区别如下。

● TCP 和 UDP：传输层协议。

● HTTP：应用层协议。

● SOCKET：TCP/IP 网络的 API。

TCP/IP 代表传输控制协议/网际协议，指的是一系列协议。

TCP 和 UDP 使用 IP 从一个网络传送数据包到另一个网络。把 IP 想象成一种高速公路，
许其他协议在上面行驶并找到其他计算机的出口。

TCP 和 UDP 是高速公路上的"卡车"，它们携带的货物就是像 HTTP，文件传输协议 FTP
的协议等。

TCP 和 UDP 是 FTP、HTTP 和 SMTP 之类使用的传输层协议。

虽然 TCP 和 UDP 都是用来传输其他协议的，它们却有一个显著的不同：TCP 提供有保证
据传输，而 UDP 不提供。

这意味着 TCP 有一个特殊的机制来确保数据安全、不出错地从一个端点传到另一个端点，
~~DP~~ 不提供任何这样的保证。

HTTP（超文本传输协议）是利用 TCP 在两台计算机（通常是 Web 服务器和客户端）之

间传输信息的协议。

客户端使用 Web 浏览器发起 HTTP 请求给 Web 服务器，Web 服务器发送被请求的信息客户端。

注意 》》》》》》》

需要 IP 来连接网；TCP 是一种允许安全传输数据的机制，使用 TCP 来传输数据的 HTTP 是 Web 服务和客户端使用的特殊协议。

Socket 接口是 TCP/IP 网络的 API，Socket 接口定义了许多函数或例程，用以开发 TC网络上的应用程序。

案例 **10**

Android 跳舞

学习目标

【知识目标】
- ➤ 掌握图形图像处理。
- ➤ 学会为图片添加特效、动画等。

【能力目标】
- ➤ 能通过程序对图像进行各种处理。
- ➤ 能实现动画的操作。

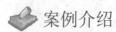 案例介绍

在应用开发中，图形图像处理往往是不可避免要接触的内容。在一个完整的 APP 中字、图像、动画等都是用户交互的重要组成元素，在 Android 中，绘制图像时最常用的就是类、Canvas 类、Bitmap 类和 BitmapFactory 类。其中，Paint 类代表画笔，Canvas 类代表画通过 Paint 类和 Canvas 类即可绘制图像。

动画的概念不同于一般意义上的动画片，动画是一种综合艺术，它是集合了绘画、漫电影、数字媒体、摄影、音乐、文学等众多艺术门类于一身的艺术表现形式。

动画的英文有很多表述，如 animation、cartoon、animated cartoon、cameracature。其正式的 Animation 一词源自于拉丁文字根 anima，意思为"灵魂"，动词 animate 是"赋予生的意思，引申为使某物活起来的意思。所以，动画可以定义为使用绘画的手法，创造生命的艺术。

动画技术较规范的定义是采用逐帧拍摄对象并连续播放而形成运动的影像技术。不摄对象是什么，只要它的拍摄方式是采用的逐帧方式，观看时连续播放形成活动影像，是动画。

本案例主要进行图形图像与动画的学习。

10.1 Android 绘图

微课 10-1
Android 绘图相关
知识

实现绘图需要四大基本要素：
① 一个用来保存像素的 Bitmap。
② 一个 Canvas 画布，绘制 Bitmap 操作。
③ 绘制的东西。
④ 绘制的画笔 Paint（颜色和样式）。

10.1.1 Bitmap 简介

Bitmap 翻译为位图，它是一个 final 类，Android 系统中的图像处理中最重要类之Bitmap 可以获取图像文件信息，对图像进行剪切、旋转、缩放，压缩等操作，并可以以指式保存图像文件。

位图文件（Bitmap），扩展名可以是 bmp 或 dib。位图是 Windows 标准格式图形文件将图像定义为由点（像素）组成，每个点可以由多种色彩表示，包括 2、4、8、16、24 和位色彩。

例如，一幅 1024×768 分辨率的 32 位真彩图片，其所占存储字节数为 1024×32/(8×1024)=3072 KB。

位图文件图像效果好，但是非压缩格式的，需要占用较大存储空间，不利于在网络送。JPG/PNG 格式则恰好弥补了位图文件的缺点。

在 Android 中计算 Bitmap 大小的方法为 bitmap.getByteCount()（返回 byte）。

一般 1920×1080 尺寸的图片在内存中的大小，1920×1080×4=2025 KB=1.977539 MB 采

的原因是在安卓系统中 Bitmap 图片一般是以 ARGB_8888（ARGB 分别代表的是透明度、红

绿色、蓝色，每个值分别用 8 bit 来记录，也就是一个像素会占用 4 byte，共 32 bit）来进

存储的。

Android 中图片有 4 种颜色格式，具体见表 10-1。

表 10-1　图片颜色格式

颜色格式	每个像素占用内存（单位 byte）	每个像素占用内存（单位 bit）
ALPHA_8	1	8
ARGB_8888（默认）	4	32
ARGB_4444	2	16
RGB_565	2	16

> ARGB_8888 占位算法：8+8+8+8 =32
> 1 bit　0/1；最小单位
> 1 byte = 8 bit　　10101010　（0-255）00000000　---　11111111

说明 》》》》》》》

　ARGB_8888：ARGB 分别代表的是透明度、红色、绿色、蓝色，每个值分别用 8bit 来记录，也就是一个像素占用 4 byte，共 32 bit。

　ARGB_4444：ARGB 的每个值分别用 4 bit 来记录，一个像素会占用 2 byte，共 16 bit。

　RGB_565：R=5 bit，G=6 bit，B=5 bit，不存在透明度，每个像素会占用 2 byte，共 16 bit。

　ALPHA_8：该像素只保存透明度，会占用 1 byte，共 8 bit。

在实际应用中，建议使用 ARGB_8888 以及 RGB_565。

如果不需要透明度，可以选择 RGB_565，能减少一半的内存占用。

.1.2　BitMap 相关常用类

1. BitMap 类

（1）常用类

public void recycle()：回收位图占用的内存空间，把位图标记为 Dead。

public final boolean isRecycled()：判断位图内存是否已释放。

public final int getWidth()：获取位图的宽度。

public final int getHeight()：获取位图的高度。

public final boolean isMutable()：图片是否可修改。

public int getScaledWidth(Canvas canvas)：获取指定密度转换后的图像的宽度。

public int getScaledHeight(Canvas canvas)：获取指定密度转换后的图像的高度。

public boolean compress(CompressFormat format, int quality, OutputStream stream)：按指定的

格式以及画质，将图片转换为输出流。

format：Bitmap.CompressFormat.PNG 或 Bitmap.CompressFormat.JPEG。

quality：画质，0～100，0 表示最低画质压缩，100 表示以最高画质压缩。对于 PNG 等无损格式的图片，会忽略此项设置。

（2）常用的静态方法

public static Bitmap createBitmap(Bitmap src)：以 src 为原图生成不可变的新图像。

public static Bitmap createScaledBitmap(Bitmap src, int dstWidth, int dstHeight, boolean filter)：以 src 为原图，创建新的图像，指定新图像的高宽以及是否可变。

public static Bitmap createBitmap(int width, int height, Config config)：创建指定格式、大小的位图。

public static Bitmap createBitmap(Bitmap source, int x, int y, int width, int height)：以 source 为原图，创建新的图片，指定起始坐标以及新图像的高宽。

2．BitmapFactory 工厂类

（1）Option 参数类

public boolean inJustDecodeBounds：如果设置为 true，不获取图片，不分配内存，但返回图片的高度宽度信息。

public int inSampleSize：图片缩放的倍数。如果设为 4，则宽和高都为原来的 1/4，则图片为原来的 1/16。

public int outWidth：获取图片的宽度值。

public int outHeight：获取图片的高度值。

public int inDensity：用于位图的像素压缩比。

public int inTargetDensity：用于目标位图的像素压缩比（要生成的位图）。

public boolean inScaled：设置为 true 时进行图片压缩，从 inDensity 到 inTargetDensity。

用 BitmapFactory 可从资源 files, streams, and byte-arrays 中解码生成 Bitmap 对象。

读取一个文件路径得到一个位图。如果指定文件为空或者不能解码成文件，则返回 NULL。

public static Bitmap decodeFile(String pathName, Options opts)
public static Bitmap decodeFile(String pathName)

读取一个资源文件得到一个位图。如果位图数据不能被解码，或者 opts 参数只请求大小信息时，则返回 NULL。即当 Options.inJustDecodeBounds=true，只请求图片的大小信息。

public static Bitmap decodeResource(Resources res, int id)
public static Bitmap decodeResource(Resources res, int id, Options opts)

从输入流中解码位图。

public static Bitmap decodeStream(InputStream is)

从字节数组中解码生成不可变的位图。

public static Bitmap decodeByteArray(byte[] data, int offset, int length)

BitmapDrawable 类：继承于 Drawable，可以从文件路径、输入流、XML 文件以及 Bitmap
创建。

（2）常用的构造函数

> Resources res=getResources();   //获取资源

public BitmapDrawable(Resources res)：创建一个空的 drawable（Response 用来指定初始时
的像素密度）替代 public BitmapDrawable()方法（此方法不处理像素密度）。

1.3 画布（Canvas）

在 Android 下进行 2D 绘图需要 Canvas 类的支持，它位于 android.graphics.Canvas 包下，
译过来为画布的意思，用于完成在 View 上的绘图。

1. Canvas 对象的获取方式

① 通过重写 View.onDraw 方法，View 中的 Canvas 对象会被当做参数传递过来，操作这
个 Canvas，效果会直接反应在 View 中。

② 自己创建一个 Canvas 对象。从上面的基本要素可以明白，一个 Canvas 对象一定是结
合一个 Bitmap 对象的，所以一定要为一个 Canvas 对象设置一个 Bitmap 对象。

③ 调用 SurfaceHolder.lockCanvas()，返回一个 Canvas 对象。

2. Canvas 提供了两个构造函数

① Canvas()：创建一个空的 Canvas 对象。

② Canvas(Bitmap bitmap)：创建一个以 bitmap 位图为背景的 Canvas。

既然 Canvas 主要用于 2D 绘图，那么它也提供了很多相应的 drawXxx()方法，方便用户在
Canvas 对象上画画，drawXxx()具有多种类型，可以画出点、线、矩形、圆形、椭圆、文字、
等的图形。

3. Canvas 中常用的方法

① void drawBitmap(Bitmap bitmap, float left, float top, Paint paint)：在指定坐标绘制
图。

② void drawLine(float startX, float startY, float stopX, float stopY, Paint paint)：根据给定的起
点和结束点之间绘制连线。

③ void drawPath(Path path, Paint paint)：根据给定的 path，绘制连线。

④ void drawPoint(float x, float y, Paint paint)：根据给定的坐标，绘制点。

⑤ void drawText(String text, int start, int end, Paint paint)：根据给定的坐标，绘制
字。

⑥ int getHeight()：得到 Canvas 的高度。

⑦ int getWidth()：得到 Canvas 的宽度。

4. Canvas 可以绘制的内容

（1）填充

> drawARGB(int a, int r, int g, int b)

drawColor(int color)

drawRGB(int r, int g, int b)

drawColor(int color, PorterDuff.Mode mode)

（2）几何图形

canvas.drawArc（扇形）

canvas.drawCircle（圆）

canvas.drawOval（椭圆）

canvas.drawLine（线）

canvas.drawPoint（点）

canvas.drawRect（矩形）

canvas.drawRoundRect（圆角矩形）

canvas.drawVertices（顶点）

cnavas.drawPath（路径）

（3）图片

canvas.drawBitmap（位图）

canvas.drawPicture（图片）

（4）文本

canvas.drawText

10.1.4　画笔（Paint）

从上面列举的几个 Canvas.drawXxx()的方法看到，其中都有一个类型为 paint 的参
可以把它理解为一个"画笔"，通过这个画笔，在 Canvas 这张画布上作画。它位于 and
graphics.Paint 包下，主要用于设置绘图风格，包括画笔颜色、画笔粗细、填充风格等

Paint 中提供了大量设置绘图风格的方法，以下仅列出一些常用的方法。

setARGB(int a,int r,int g,int b)：设置 ARGB 颜色。

setColor(int color)：设置颜色。

setAlpha(int a)：设置透明度。

setPathEffect(PathEffect effect)：设置绘制路径时的路径效果。

setShader(Shader shader)：设置 Paint 的填充效果。

setAntiAlias(boolean aa)：设置是否抗锯齿。

setStrokeWidth(float width)：设置 Paint 的笔触宽度。

setStyle(Paint.Style style)：设置 Paint 的填充风格。

setTextSize(float textSize)：设置绘制文本时的文字大小。

.1.5 使用 Canvas 绘图 Demo

Android 下 2D 绘图有两个重要类，分别是 Canvas 和 Paint，以下通过一个简单的 Demo 演示，以加深大家的理解。

在这个 Demo 中，将实现一个画图板的功能，当用户在触摸屏上移动时，即可在屏幕上绘制任意的图形。实现手绘功能其实是一种假象：表面上看起来可以随着用户在触摸屏上自由地画线，实际上依然利用的是 Canvas 的 drawLine()方法画直线，每条直线都是从上次移动事件发生点画到本次移动事件的发生点。当用户在触摸屏上连续移动时，每次移动点之间的距离很小，多次极短的连线，肉眼看起来就是一个依照手指触摸移动的轨迹的线。

需要指出的是，如果程序每次都只是从上次移动事件的发生点绘制一条直线到本次拖动事件的发生点，那么当用户手指一旦离开触摸屏，再次引发触摸移动事件时，会导致前面绘制的内容被丢失。为了保留用户之前绘制的内容，程序需要借助于一个"双缓冲"的机制。

之前讲解 SurfaceView 时，介绍到 SurfaceView 会自己维护一个双缓冲的缓冲区，但是在这里使用 ImageView 来展示绘图效果，它需要用户去维护双缓冲的机制。当用户在 ImageView 上进行"绘制"时，程序并不直接"绘制"到该 ImageView 组件上，而是先绘制到一个内存中的 Bitmap 对象（缓冲）上，等到内存中的 Bitmap 绘制好之后，再一次性地将 Bitmap 对象"绘制"到 ImageView 上。

在该 Demo 中，会监听 ImageView 的 View.OnTouchListener 事件的发生，其主要监听在 View 上的触摸事件。其中需要重写 onTouch()方法，当用户触摸 View 时会调用该方法，以下是其完整签名。

```
boolean onTouch(View v,MotionEvent event)
```

其返回值用于指定是否连续捕获触摸事件，而在它的参数中，View 为当前引发触摸事件的 View，而 MotionEvent 是当前引发触摸事件一些属性，该类中定义了一系列的静态常量，用于表示当前触摸的动作，具体如下。

- MotionEvent.ACTION_DOWN：手指触摸屏幕。
- MotionEvent.ACTION_MOVE：手指移动。
- MotionEvent.ACTION_UP：手指离开屏幕。

Demo 中的主要内容已经讲解清楚，接下来直接开始编写，代码中注释比较详细，不再赘述。

.1.6 编制画图板

实现如图 10-1 所示的画图板主界面，画图后单击"保存图片"按钮，界面如图 10-2 所示。

具体实现如下。

步骤 1：打开 Android Studio 的开发环境，新建 Android Project，命名为 DrawTuXing。

步骤 2：将 app\res\layout 下生成的 activity_main.xml 修改成如图 10-3 所示。

微课 10-2
Android 编制
画图板案例

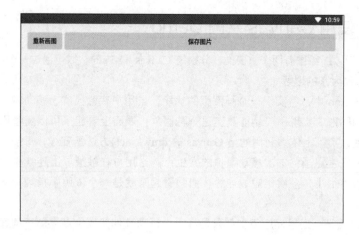

图 10-1
画图板主界面

图 10-2
保存图片

图 10-3
activity_main 界面

代码如下。

```
<LinearLayout xmlns:android="http://schemas.android.com/apk/res/android"
    xmlns:tools="http://schemas.android.com/tools"
    android:layout_width="match_parent"
    android:layout_height="match_parent"
    android:orientation="vertical"
    android:paddingBottom="@dimen/activity_vertical_margin"
    android:paddingLeft="@dimen/activity_horizontal_margin"
    android:paddingRight="@dimen/activity_horizontal_margin"
    android:paddingTop="@dimen/activity_vertical_margin"
    tools:context=".MainActivity" >
    <LinearLayout
        android:layout_width="match_parent"
        android:layout_height="wrap_content"
        android:orientation="horizontal" >
        <Button
            android:id="@+id/btn_resume"
            android:layout_width="wrap_content"
```

```
                         android:layout_height="wrap_content"
                         android:text="重新画图" />

                    <Button
                         android:id="@+id/btn_save"
                         android:layout_width="match_parent"
                         android:layout_height="wrap_content"
                         android:text="保存图片" />
</LinearLayout>
    <ImageView
        android:id="@+id/iv_canvas"
        android:layout_width="match_parent"
        android:layout_height="match_parent" />
</LinearLayout>
```

步骤 3：在 MainActivity.java 中实现按钮的监听与图片的保存工作，代码如下。

```java
public class MainActivity extends Activity {
    private Button btn_save, btn_resume;
    private ImageView iv_canvas;
    private Bitmap baseBitmap;
    private Canvas canvas;
    private Paint paint;
    @Override
    protected void onCreate(Bundle savedInstanceState) {
        super.onCreate(savedInstanceState);
        setContentView(R.layout.activity_main);
        // 初始化一个画笔，笔触宽度为 5，颜色为红色
        paint = new Paint();
        paint.setStrokeWidth(5);
        paint.setColor(Color.RED);
        iv_canvas = (ImageView) findViewById(R.id.iv_canvas);
        btn_save = (Button) findViewById(R.id.btn_save);
        btn_resume = (Button) findViewById(R.id.btn_resume);
        btn_save.setOnClickListener(click);
        btn_resume.setOnClickListener(click);
        iv_canvas.setOnTouchListener(touch);
    }
    private View.OnTouchListener touch = new View.OnTouchListener() {
        // 定义手指开始触摸的坐标
        float startX;
        float startY;
        @Override
        public boolean onTouch(View v, MotionEvent event) {
            switch (event.getAction()) {
                // 用户按下动作
                case MotionEvent.ACTION_DOWN:
                    // 第一次绘图初始化内存图片，指定背景为白色
```

```
                                    if (baseBitmap == null) {
                                        baseBitmap = Bitmap.createBitmap(iv_canvas.getWidth(),
                                                iv_canvas.getHeight(), Bitmap.Config.ARGB_888
                                        canvas = new Canvas(baseBitmap);
                                        canvas.drawColor(Color.WHITE);
                                    }
                                    // 记录开始触摸的点的坐标
                                    startX = event.getX();
                                    startY = event.getY();
                                    break;
                            // 用户手指在屏幕上移动的动作
                            case MotionEvent.ACTION_MOVE:
                                    // 记录移动位置的点的坐标
                                    float stopX = event.getX();
                                    float stopY = event.getY();
                                    //根据两点坐标，绘制连线
                                    canvas.drawLine(startX, startY, stopX, stopY, paint);
                                    // 更新开始点的位置
                                    startX = event.getX();
                                    startY = event.getY();
                                    // 把图片展示到 ImageView 中
                                    iv_canvas.setImageBitmap(baseBitmap);
                                    break;
                            case MotionEvent.ACTION_UP:
                                    break;
                            default:
                                    break;
                        }
                    return true;
                }
            };
            private View.OnClickListener click = new View.OnClickListener() {
                @Override
                public void onClick(View v) {
                    switch (v.getId()) {
                        case R.id.btn_save:
                            saveBitmap();
                            break;
                        case R.id.btn_resume:
                            resumeCanvas();
                            break;
                        default:
                            break;
                    }
                }
            };
            /**
             * 保存图片到 SD 卡上
```

```
*/
        protected void saveBitmap() {
            try {

                //保存图片到 SD 卡上
                File file = new File(Environment.getExternalStorageDirectory(),
                        "/"+System.currentTimeMillis() + ".png");
                System.out.println("this is "+file);
                FileOutputStream stream = new FileOutputStream(file);
                baseBitmap.compress(Bitmap.CompressFormat.PNG, 100, stream);
                Toast.makeText(MainActivity.this, "保存图片成功", Toast.LENGTH_SHORT).
    w();

                //Android 设备 Gallery 应用只会在启动的时候扫描系统文件夹
                //这里模拟一个媒体装载的广播，用于使保存的图片可以在 Gallery 中查看
                Intent intent = new Intent();
                intent.setAction(Intent.ACTION_MEDIA_MOUNTED);
                intent.setData(Uri.fromFile(Environment.getExternalStorageDirectory()));
                sendBroadcast(intent);
            } catch (Exception e) {
                Toast.makeText(MainActivity.this, "保存图片失败", Toast.LENGTH_SHORT).
    w();

                e.printStackTrace();
            }
        }
        /**
         * 清除画板
         */
        protected void resumeCanvas() {
            //手动清除画板的绘图，重新创建一个画板
            if (baseBitmap != null) {
                baseBitmap = Bitmap.createBitmap(iv_canvas.getWidth(),
                        iv_canvas.getHeight(), Bitmap.Config.ARGB_8888);
                canvas = new Canvas(baseBitmap);
                canvas.drawColor(Color.WHITE);
                iv_canvas.setImageBitmap(baseBitmap);
                Toast.makeText(MainActivity.this, "清除画板成功，可以重新开始绘图",
    ow();
            }
        }
    }
```

步骤 4：设置 AndroidManifest.xml 文件的权限设置。

```
    <uses-permission    android:name="android.permission.READ_EXTERNAL_STORAGE">
s-permission>
    <uses-permission   android:name="android.permission.WRITE_EXTERNAL_STORAGE">
s-permission>
```

当把生成的 APK 装进 Android 手机后，会出现权限的问题，是因为在 Android 6.0 版本有些权限属于 Protected Permission，这类权限只在 AndroidManifest.xml 中声明是无法真正到的，还需要在代码中动态获取，然后在运行时用户在权限许可弹出对话框中点击了"允按钮后，方可真正获得此权限。

解决办法是，添加如下动态代码。

```
if (Build.VERSION.SDK_INT >= 23) {
        int REQUEST_CODE_PERMISSION_STORAGE = 100;
        String[] permissions = {
                Manifest.permission.READ_EXTERNAL_STORAGE,
                Manifest.permission.WRITE_EXTERNAL_STORAGE
        };

        for (String str : permissions) {
                if (this.checkSelfPermission(str) != PackageManager.PERMISSION_GRANTED
                        this.requestPermissions(permissions,   REQUEST_CODE_PERMISSIO
STORAGE);
                        return;
                }
        }
}
//定义 requestPermissions()的回调函数
@Override
public void onRequestPermissionsResult(int requestCode,
                                        String[] permission,
                                        int[] grantResults) {
        //requestCode 就是 requestPermissions()的第 3 个参数
        //permission 就是 requestPermissions()的第 2 个参数
        //grantResults 是结果，0 表示调试通过，-1 表示拒绝

}
```

另一种是暴力方法，一般开发自己使用的 APP 时可以使用，具体如下。

```
(Android6.0)=>设置=>应用管理=>(你的 APP)=>权限=>存储=>打开(On)
```

10.2　Android 系统中的动画

Android 中动画主要包括 View Animation（视图动画）和 Property Animation（属性云Android 3.0 后新增）两大类，其中 View Animation 又分为 Tween Animation(补间动画)和Animation (帧动画)，Tween Animation 主要有 AlphaAnimation (透明)、TranslateAnimatio移)、RotateAnimation (旋转)和 ScaleAnimation (缩放 ）4 种。如图 10-4 所示，可以帮且更快地了解 Android 动画的分类。

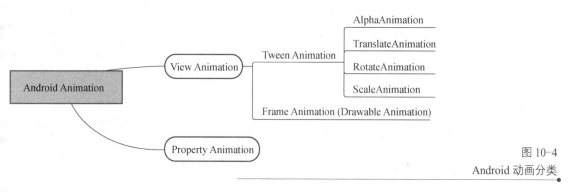

图 10-4
Android 动画分类

2.1 补间动画（Tween Animation）

（1）补间动画概述

补间动画指的是做 Flash 动画时，在两个关键帧中间需要做"补间动画"，才能实现图画动；插入补间动画后两个关键帧之间的插补帧是由计算机自动运算而得到的。也就是说在补间动画时，开发者指定了动画开始、结束的关键帧，中间的变化是计算机自动补齐的。

（2）补间动画分类

补间动画有 4 种基本形式，分别是 Alpha（透明度）、Translate（位移）、Scale（缩放）、（旋转）。当然还可以是多种动画效果的组合，如 alpha+translate、alpha+rotate，甚至 4式组合在一起的动画。同样，和帧动画一样，补间动画的可以以 XML 的方式实现，也可代码的方式实现。

（3）补间动画属性及解释

补间动画属性及解释见表 10-2。

表 10-2　补间动画属性解释

Java 方法	XML 属性	解　　释
setDetachWallpaper(boolean)	android:detachWallpaper	是否在壁纸上运行
setDuration(long)	android:duration	设置动画持续时间，单位为毫秒（ms）
setFillAfter(boolean)	android:fillAfter	控件动画结束时控件是否保持动画最后状态
setFillBefore(boolean)	android:fillBefore	控件动画结束时控件是否还原到开始动画前的状态
setFillEnable(boolean)	android:fillEnable(boolean)	与 android:fillBefore 效果相同
setInterpolator(boolean)	android:interpolator	设置插值器，有一些动画效果，如从快到慢，从慢到快，也可以自定义
setRepeatCount(int)	android:repeatCount	重复次数
setRepeatMode(int)	android:repeatMode	重复类型：reverse（倒序回放）、restart（从头播放）
setStartOffset(long)	android:startOffset	调用 start 函数后等待开行运行的时间，单位为毫秒
setZadjustment(int)	android:zAdjustment	表示被设置动画的内容运行时在 Z 轴的位置（top/bottom/ normal），默认为 normal
Alpha	—	—
phaAnimation(float fromAlpha, *float toAlpha)	android:fromAlpha	起始透明度

Java 方法	XML 属性	解　释
AlphaAnimation(*float fromAlpha, float toAlpha)	android:toAlpha	结束透明度
Rotate	—	—
RotateAnimation(float fromDegrees, *float toDegrees, *float pivotX, *float pivotY)	android:fromDegress	旋转开始角度，正代表顺时针度数，负代表逆时针度数
RotateAnimation(*float fromDegrees, float toDegrees, *float pivotX, *float pivotY)	android:toDegress	旋转结束角度（同上）
RotateAnimation(*float fromDegrees, *float toDegrees, float pivotX, *float pivotY)	android:pivotX	缩放起点 X 坐标（数值、百分数、百分数 p，50 表示以当前 View 左上角坐标加 50 px 为初始点，50%表示以当前 View 的左上角加上当前 View 的 50%作为初始点、50%p 表示以当前 View 的左上角加上父控件宽高的 50%作为初始点）
RotateAnimation(*float fromDegrees, *float toDegrees, *float pivotX, float pivotY)	android:pivotY	缩放起点 Y 坐标（同上）
ScaleAnimation(float fromX,* float toX, *float fromY, *float toY, *float pivotX, *float pivotY)	android:fromXScale	初始 X 轴缩放比例，1.0 表示无变化
ScaleAnimation(*float fromX, float toX, *float fromY, *float toY, *float pivotX, *float pivotY)	android:toXScale	结束 X 轴缩放比例
ScaleAnimation(*float fromX, *float toX, float fromY, *float toY, *float pivotX, *float pivotY)	androd:fromYScale	初始 Y 轴缩放比例
ScaleAnimation(f*loat fromX, *float toX, *float fromY, float toY, *float pivotX, *float pivotY)	android:toYScale	结束 Y 轴缩放比例
ScaleAnimation(*float fromX, *float toX, *float fromY, *float toY, float pivotX, *float pivotY)	android:pivotX	缩放起点 X 轴坐标（同上）
ScaleAnimation(*float fromX, *float toX, *float fromY, *float toY, *float pivotX, float pivotY)	android:pivotY	缩放起点 Y 轴坐标（同上）
Translate	—	—
TranslateAnimation(float fromXDelta, *float toXDelta, *float fromYDelta, *float toYDelta)	android:fromXDelta	平移起始点 X 轴坐标
TranslateAnimation(*float fromXDelta, float toXDelta, *float fromYDelta, *float toYDelta)	android:toXDelta	平移结束点 X 轴坐标
TranslateAnimation(*float fromXDelta, *float toXDelta, float fromYDelta, *float toYDelta)	android:fromYDelta	平移起始点 Y 轴坐标
TranslateAnimation(*float fromXDelta, *float toXDelta, *float fromYDelta, float toYDelta)	android:toYDelta	平移结束点 Y 轴坐标

接下来通过实际案例了解 Android 补间动画的实现。

（4）补间动画案例

通过 4 个按钮来实现补间动画 4 种基本形式简单的演示，此案例主界面如图 10-5 所示，个按钮等待用户点击。

微课 10-3
Android 补间
动画案例

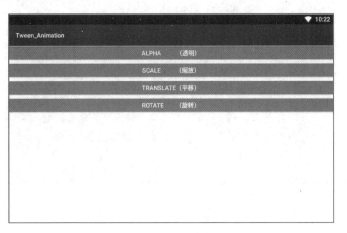

图 10-5
补间动画主界面

当点击第 1 个按钮"ALPHA（透明）"按钮后，图片变成透明，如图 10-6 所示。

图 10-6
ALPHA（透明）形式

当点击第 2 个按钮"SCALE（缩放）"按钮，出现如图 10-7 所示的界面。

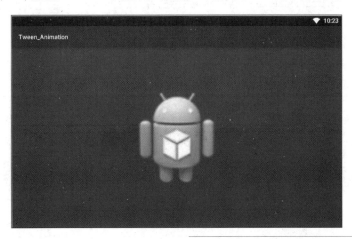

图 10-7
SCALE（缩放）形式

当点击第 3 个按钮 "TRANSLATE（平移）" 按钮，图片被移动，如图 10-8 所示。

图 10-8
TRANSLATE（平移）形式

当点击第 4 个按钮 "ROTATE（旋转）" 按钮，图片被旋转，如图 10-9 所示。

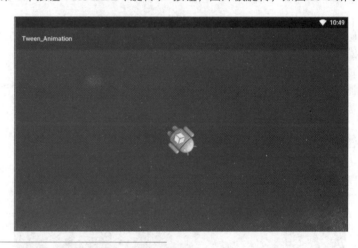

图 10-9
ROTATE（旋转）形式

图 10-10
手机实现补间
动画主界面

本案例主要以 XML 方式完成，具体实现如下。

步骤 1：新建一个 Android 工程，命名为 Tween_Animation。

步骤 2：新建 main.xml 文件，显示 4 个按钮，如图 10-10 所示。

界面代码自行完成，参考代码在配套的资源包中。

步骤 3：将 bg.jpg 和 ic_launcher.png 图片文件复制到 drawable 目录下。

步骤 4：实现补间动画 4 种形式的界面文件，都设置为线性布局，第 1 个透明形式的文件名为 an_alpha.xml，代码如下。

```xml
<?xml version="1.0" encoding="utf-8"?>
<LinearLayout xmlns:android="http://schemas.android.com/apk/res/android"
    android:layout_width="fill_parent"
    android:layout_height="fill_parent"
    android:orientation="vertical" >
    <ImageView
        android:id="@+id/img"
        android:layout_width="fill_parent"
        android:layout_height="fill_parent"
```

```
        android:src="@drawable/bg" />
    </LinearLayout>
```

旋转形式的文件为 an_roate.xml 文件，代码如下。

```xml
        <?xml version="1.0" encoding="utf-8"?>
    <LinearLayout xmlns:android="http://schemas.android.com/apk/res/android"
        android:layout_width="fill_parent"
        android:layout_height="fill_parent"
        android:orientation="vertical"
        android:gravity="center" >
        <ImageView
            android:id="@+id/img"
            android:layout_width="wrap_content"
            android:layout_height="wrap_content"
            android:src="@drawable/ic_launcher" />
    </LinearLayout>
```

第 2 个缩放形式的文件为 an_scale.xml，代码如下。

```xml
    <?xml version="1.0" encoding="utf-8"?>
    <LinearLayout xmlns:android="http://schemas.android.com/apk/res/android"
        android:layout_width="fill_parent"
        android:layout_height="fill_parent"
        android:orientation="vertical"
        android:gravity="center" >
        <ImageView
            android:id="@+id/img"
            android:layout_width="wrap_content"
            android:layout_height="wrap_content"
            android:src="@drawable/ic_launcher" />
    </LinearLayout>
```

第 3 个移动形式的文件为 an_translate.xml，代码如下。

```xml
    <?xml version="1.0" encoding="utf-8"?>
    <LinearLayout xmlns:android="http://schemas.android.com/apk/res/android"
        android:layout_width="fill_parent"
        android:layout_height="fill_parent"
        android:orientation="vertical"
        android:gravity="center" >
        <ImageView
            android:id="@+id/img"
            android:layout_width="wrap_content"
            android:layout_height="wrap_content"
            android:src="@drawable/ic_launcher" />
    </LinearLayout>
```

步骤 5：使用 XML 实现动画操作，第 1 个是实现透明度的 XML 文件 alpha.xml，代码如下。

```xml
<?xml version="1.0" encoding="utf-8"?>
<set android:shareInterpolator="false" xmlns:android="http://schemas.android.com/apk/res/android
    <alpha
        android:fromAlpha="0.1"
        android:toAlpha="1.0"
        android:duration="2000"
        android:interpolator="@android:anim/accelerate_interpolator"
        android:fillBefore="true"
        android:repeatCount="1"
        android:repeatMode="reverse"
        android:startOffset="500"
        android:zAdjustment="bottom"

        >
        <!--
        fromAlpha  动画起始时透明度（0.0 表示完全透明　1.0 表示完全不透明
        toAlpha    动画结束时透明度（0.0 表示完全透明　1.0 表示完全不透明
        duration   动画持续时间（单位 ms）
        interpolator  指定一个动画的插入器
        有一些常见的插入器：
        accelerate_decelerate_interpolator
        加速-减速-动画插入器
        accelerate_interpolator
        加速-动画插入器
        decelerate_interpolator
        减速-动画插入器
        其他的属于特定的动画效果
        repeatCount   动画重复次数
        repeatMode    定义重复的行为（restart 默认效果，reverse 重复第 2 次时
        退动画的效果）
        startOffset   动画之间的时间间隔，从上次动画停多少时间开始执行下个
        zAdjustment   定义动画的 Z Order 的改变
        -->
    </alpha>
</set>
```

第 2 个是实现旋转的 XML 文件 rotate.xml，代码如下。

```xml
<?xml version="1.0" encoding="utf-8"?>
<set xmlns:android="http://schemas.android.com/apk/res/android"
    android:shareInterpolator="false" >
    <rotate
        android:duration="1000"
        android:fromDegrees="0"
        android:interpolator="@android:anim/accelerate_decelerate_interpolator"
        android:pivotX="50%"
```

```
                android:pivotY="50%"
                android:toDegrees="+360" />
    <!--
        fromDegrees 为动画起始时物件的角度
        toDegrees 属性为动画结束时物件旋转的角度，可以大于 360°
        pivotX pivotY 为动画相对于物件的 X、Y 坐标的开始位-->
    </set>
```

第 3 个是实现缩放的 XML 文件 scale.xml，代码如下。

```
    <?xml version="1.0" encoding="utf-8"?>
    <set android:shareInterpolator="false"
    xmlns:android="http://schemas.android.com/apk/res/android">
        <scale
            android:duration="700"
            android:fillAfter="false"
            android:fromXScale="0.0"
            android:fromYScale="0.0"
            android:interpolator="@android:anim/accelerate_decelerate_interpolator"
            android:pivotX="50%"
            android:pivotY="50%"
            android:repeatCount="10"
            android:startOffset="700"
            android:toXScale="3.4"
            android:toYScale="3.4" />
    <!--
        fromXScale[float]
        fromYScale[float]    为动画起始时，X、Y 坐标上的伸缩尺寸；0.0 表示收缩到没有；
    表示正常无伸缩；值小于 1.0 表示收缩；值大于 1.0 表示放大 toXScale [float]
        toYScale[float]      为动画结束时，X、Y 坐标上的伸缩尺寸 pivotX[float]
        pivotY[float]        为动画相对于物件的 X、Y 坐标的开始位置属性值说明：从 0%～
    0%中取值，50%为物件的 X 或 Y 坐标上的中点位置
        -->
    </set>
```

第 4 个是实现移动的 XML 文件 translate.xml，代码如下。

```
    <?xml version="1.0" encoding="utf-8"?>
    <set xmlns:android="http://schemas.android.com/apk/res/android"
        android:shareInterpolator="false" >
        <translate
            android:duration="2000"
            android:fromXDelta="30"
            android:fromYDelta="30"
            android:toXDelta="-80"
            android:toYDelta="300" />
    <!--
    fromXDelta 为动画起始时的 X 坐标
    fromYDelta 为动画起始时的 Y 坐标
```

```
toXDelta    为动画结束时的 X 坐标
toYDelta    为动画结束时的 Y 坐标
duration    动画持续时间（ms）
-->
</set>
```

步骤 6：主 Activity，文件为 AnimationExampleyAcitivy，其代码如下。

```java
public class AnimationExample Activity extends Activity implements OnClickListener{
    Button btn_alpha;                              //渐变透明度动画效果
    Button btn_scale;                              //渐变尺寸伸缩动画效果
    Button btn_translate;                          //画面转换位置移动动画效果
    Button btn_rotate;                             //画面转移旋转动画效果
    /** Called when the activity is first created. */
    @Override
    public void onCreate(Bundle savedInstanceState) {
        super.onCreate(savedInstanceState);
        setContentView(R.layout.main);
        getView();
        setOnclikListener();
    }
    private void getView(){
        btn_alpha=(Button) findViewById(R.id.btn_alpha);
        btn_scale=(Button) findViewById(R.id.btn_scale);
        btn_translate=(Button) findViewById(R.id.btn_translate);
        btn_rotate=(Button) findViewById(R.id.btn_rotate);
    }
    private void setOnclikListener(){
        btn_alpha.setOnClickListener(this);
        btn_scale.setOnClickListener(this);
        btn_translate.setOnClickListener(this);
        btn_rotate.setOnClickListener(this);
    }
    public void onClick(View v) {
        Intent intent;
        switch (v.getId()) {
            case R.id.btn_alpha:
                intent=new Intent(AnimationExampleActivity.this,AnimationAlphaActivity.clas
                startActivity(intent);
                break;
            case R.id.btn_scale:
                intent=new Intent(AnimationExampleActivity.this,AnimationScaleActivity. clas
                startActivity(intent);
                break;
            case R.id.btn_translate:
                intent=new Intent(AnimationExampleActivity.this,AnimationTranslateActivity. cla
                startActivity(intent);
                break;
```

```
        case R.id.btn_rotate:
            intent=new Intent(AnimationExampleActivity.this,AnimationRotateActivity. class);
            startActivity(intent);
            break;
        default:
            break;
        }

    }

}
```

步骤 7：完成 AnimationAlphaActivity.java，实现透明模式的功能。代码如下。

```
public class AnimationAlphaActivity extends Activity {
    @Override
    protected void onCreate(Bundle savedInstanceState) {
        // TODO Auto-generated method stub
        super.onCreate(savedInstanceState);
        setContentView(R.layout.an_alpha);
        ImageView imgv=(ImageView) findViewById(R.id.img);
        Animation alphaAnimation=AnimationUtils.loadAnimation(this, R.anim.alpha);
        imgv.startAnimation(alphaAnimation);
    }
}
```

步骤 8：完成 AnimationRotateActivity.java，实现旋转模式的功能。代码如下。

```
public class AnimationRotateActivity extends Activity {
    @Override
    protected void onCreate(Bundle savedInstanceState) {
        // TODO Auto-generated method stub
        super.onCreate(savedInstanceState);
        setContentView(R.layout.an_roate);
        ImageView imgv=(ImageView) findViewById(R.id.img);
        Animation alphaAnimation=AnimationUtils.loadAnimation(this, R.anim.rotate);
        imgv.startAnimation(rotateAnimation);
    }
}
```

步骤 9：完成 AnimationScaleActivity.java，实现绽放模式的功能。代码如下。

```
public class AnimationScaleActivity extends Activity {
    @Override
    protected void onCreate(Bundle savedInstanceState) {
        // TODO Auto-generated method stub
        super.onCreate(savedInstanceState);
        setContentView(R.layout.an_scale);
        ImageView imgv=(ImageView) findViewById(R.id.img);
        Animation alphaAnimation=AnimationUtils.loadAnimation(this, R.anim.scale);
```

```
                    imgv.startAnimation(scaleAnimation);
            }
        }
```

步骤 10：完成 AnimationTranslateActivity.java，实现移动模式的功能。代码如下。

```
public class AnimationTranslateActivity extends Activity {
    @Override
    protected void onCreate(Bundle savedInstanceState) {
        // TODO Auto-generated method stub
        super.onCreate(savedInstanceState);
        setContentView(R.layout.an_translate);
        ImageView imgv=(ImageView) findViewById(R.id.img);
        Animation alphaAnimation=AnimationUtils.loadAnimation(this, R.anim.translate
        imgv.startAnimation(translateAnimation);
    }
}
```

程序编写完成，运行查看效果。

微课 10-4
Android 帧
动画案例

10.2.2 帧动画（Frame Animation）

帧动画是一种常见的动画形式（Frame By Frame），其原理是在"连续的关键帧"中
动画动作，也就是在时间轴的每帧上逐帧绘制不同的内容，使其连续播放而成动画。其表
来的样式类似于常见的 GIF 图。

逐帧动画（Frame-by-frame Animations）从字面上理解就是一帧挨着一帧的播放图片
像放电影一样。和补间动画一样可以通过 XML 实现，也可以通过 Java 代码实现。

而 Android 中实现帧动画，一般会用到 AnimationDrawable，先编写好 Drawable，然
码中调用 start()以及 stop()开始或停止播放动画。

以下使用案例来学习逐帧动画，最终实现的效果如图 10-11 所示。

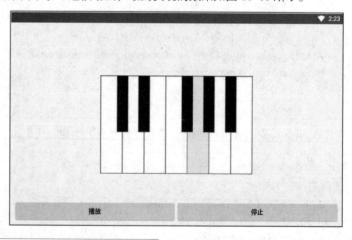

图 10-11
逐帧动画首界面

帧动画的实现方式有以下两种。

（1）在 res/drawable 目录中新建 animation-list 的 XML 实现帧动画
步骤 1：新建工程文件 ZhenDongHua

步骤 2：首先在 res/drawable 目录中添加 press1 ~ press7 共 7 张图片。

步骤 3：在 drawable/下新建 frame_anim.xml 文件，文件内容如下。

```xml
<?xml version="1.0" encoding="utf-8"?>
<animation-list xmlns:android="http://schemas.android.com/apk/res/android"
    android:oneshot="true" >
    <!-- animation-list 帧动画-->
    <!-- android:oneshot 的值为 false 代表播放多次，true 代表只播放一次-->
    <!-- duration 代表每张图片的播放时间，定义一个持续时间为 50 ms 的动画帧-->
    <item
        android:drawable="@drawable/press1"
        android:duration="50"/>
    <item
        android:drawable="@drawable/press2"
        android:duration="50"/>
    <item
        android:drawable="@drawable/press3"
        android:duration="50"/>
    <item
        android:drawable="@drawable/press4"
        android:duration="50"/>
    <item
        android:drawable="@drawable/press5"
        android:duration="50"/>
    <item
        android:drawable="@drawable/press6"
        android:duration="50"/>
    <item
        android:drawable="@drawable/press7"
        android:duration="50"/>
</animation-list>
```

步骤 4：在 activity_main 中添加控件，代码如下。

```xml
<RelativeLayout xmlns:android="http://schemas.android.com/apk/res/ android"
        xmlns:tools="http://schemas.android.com/tools"
        android:layout_width="match_parent"
        android:layout_height="match_parent"
        >
    <ImageView
        android:id="@+id/imageView"
        android:layout_width="wrap_content"
        android:layout_height="wrap_content"
        android:layout_centerInParent="true" />
    <!-- android:background="@drawable/frame_anim" -->
    <LinearLayout
        android:layout_width="match_parent"
        android:layout_height="wrap_content"
```

```
                android:layout_alignParentBottom="true"
                android:orientation="horizontal"
                android:padding="10dp" >
                <Button
                    android:id="@+id/start"
                    android:layout_width="0dp"
                    android:layout_height="wrap_content"
                    android:layout_weight="1"
                    android:text="播放" />
                <Button
                    android:id="@+id/stop"
                    android:layout_width="0dp"
                    android:layout_height="wrap_content"
                    android:layout_weight="1"
                    android:text="停止" />
            </LinearLayout>
        </RelativeLayout>
```

步骤 5：在代码中获取并开启帧动画。

```
public class MainActivity extends Activity implements OnClickListener {
    private ImageView imageView;
    private AnimationDrawable animationDrawable;
    @Override
    protected void onCreate(Bundle savedInstanceState) {
        super.onCreate(savedInstanceState);
        setContentView(R.layout.activity_main);
        imageView = (ImageView) findViewById(R.id.imageView);
        findViewById(R.id.start).setOnClickListener(this);
        findViewById(R.id.stop).setOnClickListener(this);
        setXml2FrameAnim1();
        // setXml2FrameAnim2();
    }
    /**
     * 通过 XML 添加帧动画方法 1
     */
    private void setXml2FrameAnim1() {
    // 把动画资源设置为 imageView 的背景，也可直接在 XML 里面设置
        imageView.setBackgroundResource(R.drawable.frame_anim);
        animationDrawable = (AnimationDrawable) imageView.getBackground();
    }
    /**
     * 通过 XML 添加帧动画方法 2
    */
    private void setXml2FrameAnim2() {

        // 通过逐帧动画的资源文件获得 AnimationDrawable 示例
        animationDrawable = (AnimationDrawable) getResources().getDrawable(
```

```
                        R.drawable.frame_anim);
            imageView.setBackground(animationDrawable);
        }
        @Override
        public void onClick(View v) {
            switch (v.getId()) {
            case R.id.start:
                if (animationDrawable != null && !animationDrawable.isRunning()) {
                    animationDrawable.start();
                }
                break;
            case R.id.stop:
                if (animationDrawable != null && animationDrawable.isRunning()) {
                    animationDrawable.stop();
                }
                break;
            default:
                break;
            }
        }
    }
```

（2）通过代码实现帧动画

步骤 1：新建工程 ZhenDongHua_other。

步骤 2：将上述过程中的图片复制到工程 Drawable 目录下，完成 activity_main.xml 文件的
。

步骤 3：编辑 MainActivity.java 文件即可，内容如下。

```
public class MainActivity extends Activity implements View.OnClickListener {
    private ImageView imageView;
    private AnimationDrawable animationDrawable;
    @Override
    protected void onCreate(Bundle savedInstanceState) {
        super.onCreate(savedInstanceState);
        setContentView(R.layout.activity_main);
        imageView = (ImageView) findViewById(R.id.imageView);
        findViewById(R.id.start).setOnClickListener(this);
        findViewById(R.id.stop).setOnClickListener(this);
        setSrc2FrameAnim();
    }
    /**
     * 通过代码添加帧动画方法
     */
    private void setSrc2FrameAnim() {
        animationDrawable = new AnimationDrawable();
        // 为 AnimationDrawable 添加动画帧
        animationDrawable.addFrame(
```

```
                                    getResources().getDrawable(R.drawable.press1),500);
                    animationDrawable.addFrame(
                            getResources().getDrawable(R.drawable.press2), 500);
                    animationDrawable.addFrame(
                            getResources().getDrawable(R.drawable.press3), 500);
                    animationDrawable.addFrame(
                            getResources().getDrawable(R.drawable.press4), 500);
                    animationDrawable.addFrame(
                            getResources().getDrawable(R.drawable.press5), 500);
                    animationDrawable.addFrame(
                            getResources().getDrawable(R.drawable.press6), 500);
                    animationDrawable.addFrame(
                            getResources().getDrawable(R.drawable.press7), 500);
                    // 设置为循环播放
                    animationDrawable.setOneShot(false);
                    imageView.setBackground(animationDrawable);
            }
            @Override
            public void onClick(View v) {
                switch (v.getId()) {
                    case R.id.start:
                        if (animationDrawable != null && !animationDrawable. isRunning()
                            animationDrawable.start();
                        }
                        break;
                    case R.id.stop:
                        if (animationDrawable != null && animationDrawable. isRunning())
                            animationDrawable.stop();
                        }
                        break;
                    default:
                        break;
                }
            }
        }
```

10.2.3 属性动画（Property Animation）

1. 属性动画概述

（1）属性动画优点

从 Android 3.0（API11）开始引入了属性动画，跟早期的 View 动画相比，属性动画以下优点。

① 属性动画允许对任意对象的属性执行动画操作，而早期的视图动画仅仅只能对执行动画操作。

② View 动画只能改变视图的几个方面，如对视图进行缩放以及旋转等，但是像背景这种就无法改变。

③ View 动画只是改变 View 在屏幕上的位置，却不能真正改变 View 本身。例如，对于按钮，通过动画让其在屏幕上进行移动，但是按钮的有效点击区域还是在其原来的位置，有发生改变。要想实现按钮的有效点击区域随着动画的改变而改变，这就需要自己手动实个逻辑，而属性动画就解决了这个问题。

一个属性动画在特定的时间段内改变对象的属性值，不管这个属性能不能绘制到屏幕上。对对象执行属性动画，首先需要指定想要改变的属性，如对象在屏幕上的位置，然后是动持续时间，以及在动画执行期间改变的属性值的类型。

（2）属性动画系统允许定义一个动画的以下特性

① Duration：动画持续时间，默认是 300 ms。

② Time interpolation：时间差值，与 View 动画里面的 LinearInterpolator 等差不多，定义的变化率。

③ Repeat count and behavior：定义重复次数以及重复模式。可以指定是否重复以及重复数，以及重复的时候是从头开始还是反向。

④ Animator sets：动画集合。可以定义一组动画，顺序执行或者一起执行，顺序执行的时以执行动画之间执行的时间间隔。

⑤ Frame refresh delay：帧刷新延迟。对于动画，定义多久刷新一次帧，默认是 10 ms，帧率最终取决于系统，一般不需要设置。

2. 相关的 API

ValueAnimator：主要的动画执行类。

ObjectAnimator：VauleAnimator 的子类，大多数情况下动画的执行类使用 ObjectAnimator，除非一些特殊情况下才会使用 VauleAnimator 做为动画执行类。

AnimatorSet：动画集合，用于控制一组动画的执行方式。

TypeEvaluator：动画估值，用于动画操作属性的值，系统自带的有 IntEvaluator、Evaluator 等估值方式。

TimeInterpolator：时间差值，用于指定属性值随着时间改变的方式，比如线性改变、加速先加速再减速等。

3. 属性动画的案例

实现属性动画的首界面如图 10-12 所示，透明和移动操作，如图 10-13 所示，演示旋转如-14 所示，缩放如图 10-15 所示。

笔 记

微课 10-5
Android 属性
动画案例

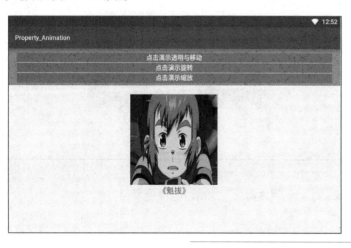

《魁拔》

图 10-12
属性动画首界面

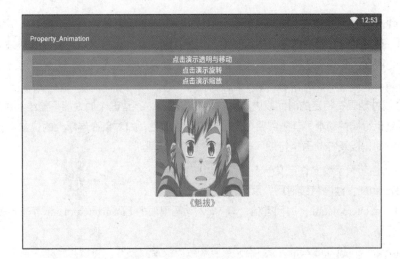

图 10-13
透明与移动

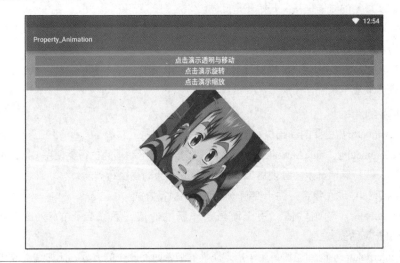

图 10-14
旋转

图 10-15
缩放

点击图像显示"我是属性动画",如图 10-16 所示。

图 10-16
我是属性动画

具体实现如下。

步骤 1：新建一个 Android 工程，命名为 Property_Animation。

步骤 2：修改 activity_main.xml 文件为线性布局，设置 3 个按钮和 1 个 ImageView，代码如下。

```xml
<?xml version="1.0" encoding="utf-8"?>
<LinearLayout xmlns:android="http://schemas.android.com/apk/res/android"
              xmlns:app="http://schemas.android.com/apk/res-auto"
              xmlns:tools="http://schemas.android.com/tools"
              android:layout_width="match_parent"
              android:layout_height="match_parent"
              android:orientation="vertical"
              tools:context=".MainActivity">
    <LinearLayout
    android:layout_width="match_parent"
    android:layout_height="0dp"
    android:layout_weight="1"
    android:background="#9c98ce"
    android:orientation="vertical"
    android:paddingLeft="20dp"
    android:paddingRight="20dp"
    android:paddingTop="10dp">
        <Button
        android:id="@+id/button1"
        android:layout_width="match_parent"
        android:layout_height="20sp"
        android:background="#5b7bda"
        android:text="点击演示透明与移动"
        android:textColor="#fff" />
    <TextView
    android:layout_width="match_parent"
    android:layout_height="2sp"
    android:background="#ffffff"/>
        <Button
```

```
                android:id="@+id/button2"
                android:layout_width="match_parent"
                android:layout_height="20sp"
                android:background="#5b7bda"
                android:text="点击演示旋转"
                android:textColor="#fff" />
            <TextView
                android:layout_width="match_parent"
                android:layout_height="2sp"
                android:background="#ffffff"/>
            <Button
                android:id="@+id/button3"
                android:layout_width="match_parent"
                android:layout_height="20sp"
                android:background="#5b7bda"
                android:text="点击演示缩放"
                android:textColor="#fff" />
        </LinearLayout>
        <LinearLayout
            android:layout_width="match_parent"
            android:layout_height="0dp"
            android:layout_weight="4"
            android:orientation="vertical">
            <ImageView
                android:id="@+id/image"
                android:layout_width="200sp"
                android:layout_height="200sp"
                android:layout_gravity="center"
                android:layout_marginTop="20dp"
                android:background="@mipmap/kuiba" />
            <TextView
                android:layout_width="wrap_content"
                android:layout_height="wrap_content"
                android:layout_gravity="center"
                android:text="《魁拔》"
                android:textSize="18sp" />
        </LinearLayout>
    </LinearLayout>
```

步骤 3：将 kuiba.jpg 图像文件复制到 mipmap 目录中。

步骤 4：修改 MainActivity.java 文件，这里涉及属性动画中的一些语法规则，例如：

```
objectAnimator = ObjectAnimator.ofFloat(image,"alpha",1f,0f);
```

其中，参数1f用于实现动画的控件 ID，参数 0f 为要实现的动画属性，常见的 6 种属性见表 10-3。

表 10-3　实现动画的属性

propertyName	详细作用
alpha	实现渐变效果
rotation	实现旋转效果
translationX	实现水平移动效果（左或右移动）
translationY	实现纵向移动效果（向上或者向下移动）
scaleX	实现轴 X 缩放效果（放大或者缩小）
scaleY	实现轴 Y 缩放效果（放大或者缩小）

以上两个参数是所有的实现效果都是这样写的，接下来是渐变动画的参数。

第 3 个参数，开始时的透明状态（1f 为不透明，0f 为完全透明，取值 0f ~ 1f）。

第 4 个参数，结束时的透明状态（1f 为不透明，0f 为完全透明，取值 0f ~ 1f）。

在这里还可以加上第 5 个参数，表示为渐变后再回到某一状态（1f 为不透明，0f 为完全，取值 0f ~ 1f）。

```
bjectAnimator = ObjectAnimator.ofFloat(image,"rotation",360f);
        //将图片旋转 360°，只有一次效果
objectAnimator = ObjectAnimator.ofFloat(image,"scaleX",1f,2f,1f);
        //沿着 X 轴放大两倍效果,然后再回到初始大小
objectAnimator = ObjectAnimator.ofFloat(image,"translationX",0f,60f,0f);
        //动画从 0f, 沿着 X 轴向右移动 60f, 之后再回到 0f（负数为向左），Y 轴同
        //理相反，将第 2 个参数改为 translationY 即可
```

以下是具体的代码。

```
public class MainActivity extends AppCompatActivity implements View.OnClickListener {
    ObjectAnimator objectAnimator1;
    ObjectAnimator objectAnimator2;
    ObjectAnimator objectAnimator3;
    ObjectAnimator objectAnimator4;
    ObjectAnimator objectAnimator5;
    private Button button1,button2,button3;
    private ImageView image;
    @Override
    protected void onCreate(Bundle savedInstanceState) {
        super.onCreate(savedInstanceState);
        setContentView(R.layout.activity_main);
        initView();
    }
    private void initView() {
        button1 = (Button) findViewById(R.id.button1);
        button2 = (Button) findViewById(R.id.button2);
        button3 = (Button) findViewById(R.id.button3);
        image = (ImageView) findViewById(R.id.image);
        button1.setOnClickListener(this);
```

```
                        button2.setOnClickListener(this);
                        button3.setOnClickListener(this);
                        image.setOnClickListener(this);
                }
                @Override
                public void onClick(View v) {
                        switch (v.getId()) {
                                case R.id.button1:
                                        objectAnimator1 = ObjectAnimator.ofFloat(image,"translationX",0f, 60f,(
                                        objectAnimator2 = ObjectAnimator.ofFloat(image,"translationY",0f,60f, (
                                        objectAnimator3 = ObjectAnimator.ofFloat(image,"alpha",1f,0f,1f);
                                        AnimatorSet animatorSet = new AnimatorSet();

animatorSet.play(objectAnimator1).with(objectAnimator2).before(object Animator3);
                                        animatorSet.setDuration(2000);
                                        animatorSet.start();
                                        animatorSet.setTarget(image);
                                        break;
                                case R.id.button2:
                                        objectAnimator4 = ObjectAnimator.ofFloat(image,"rotation",360f);
                                        AnimatorSet animatorSet2 = new AnimatorSet();
                                        animatorSet2.play(objectAnimator4);
                                        animatorSet2.setDuration(2000);
                                        animatorSet2.start();
                                        break;
                                case R.id.button3:
                                        objectAnimator5 = ObjectAnimator.ofFloat(image,"scaleX",1f,2f,1
                                        objectAnimator5.setDuration(2000);
                                        objectAnimator5.start();
                                        break;
                                case R.id.image:
                                        Toast.makeText(this, "我是属性动画", Toast.LENGTH_SHORT). sho
                                        break;
                        }
                }
        }
```

10.3 Android 跳舞综合案例

微课 10-6
Android 跳舞
综合案例

本案例模仿淘宝加入购物车动画实现相应的效果，首界面如图 10-17 所示。当点击右

形时，相当于添加进购物车，右侧的图形变化并像淘宝购物一样进入到右侧，如图 10-18 和
10-19 所示。此案例详细代码见代码案例 10 综合案例，这里仅罗列主要的步骤代码。

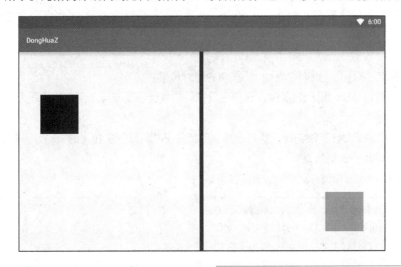

图 10-17
仿淘宝首界面

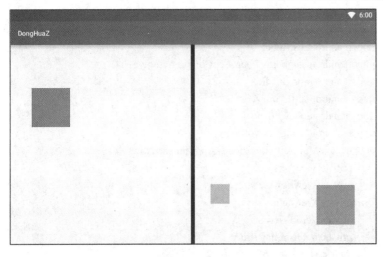

图 10-18
仿照加入购物车

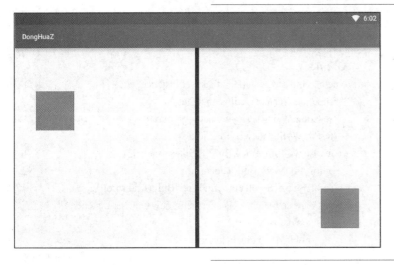

图 10-19
加入购物车后购物车随之
改变颜色为购物的颜色

具体操作步骤如下。

步骤 1：新建一个 Android 工程，命名为 DongHuaZ。

步骤 2：设计主界面文件 activity_main.xml 文件，代码读者自行独立编写，参考代码
套资源中。

步骤 3：设置 Java 广播，并完成以下任务。

① 获取"对比"按钮和"比+1"按钮的绝对位置。

② 在 ScrollView 滑动过程中，这两个按钮的位置会不断变化，因此需要不断更新它
位置。

③ 在点击"对比"按钮时，执行动画，即把位于"对比"按钮上的 icon，移动到"比
按钮上，同时执行透明度动画。

修改 MainActivity.java 文件，代码如下。

```java
package com.example.jsjx.donghuaz;
import android.animation.Animator;
import android.animation.AnimatorSet;
import android.animation.ObjectAnimator;
import android.content.Context;
import android.graphics.Color;
import android.os.Build;
import android.support.v7.app.AppCompatActivity;
import android.os.Bundle;
import android.util.Log;
import android.view.View;
import android.widget.ScrollView;
public class MainActivity extends AppCompatActivity {
    private View testView;
    private View testView02;
    private View anim;
    private ScrollView scrollView;
    private boolean flag=true;
    int testX=0;
    int testY=0;
    int test02X=0;
    int test02Y=0;
    @Override
    protected void onCreate(Bundle savedInstanceState) {
        super.onCreate(savedInstanceState);
        setContentView(R.layout.activity_main);
        testView=findViewById(R.id.test_view);
        testView02=findViewById(R.id.test_view02);
        anim=findViewById(R.id.anim);
        scrollView=(ScrollView)findViewById(R.id.scrollView);
        testView.setOnClickListener(new View.OnClickListener() {
            @Override
            public void onClick(View view) {
                Log.e("123","onClick:--------------"+testX+","+test02X);
```

```
                    Log.e("123","onClick:---------------"+testY+","+test02Y);
                    if(flag)
                    {
                        flag=false;
                        anim.setVisibility(View.VISIBLE);
                        testView.setBackgroundColor(Color.RED);
                        ObjectAnimator anim3=ObjectAnimator.ofFloat(anim,"x",testX,
t02X);

                        ObjectAnimator anim4=ObjectAnimator.ofFloat(anim,"y",testY,
t02Y);

                        ObjectAnimator anim5=ObjectAnimator.ofFloat(anim,"alpha",1,0);
                        AnimatorSet animSet=new AnimatorSet();
                        animSet.play(anim3).with(anim4).with(anim5);
                        animSet.setDuration(400);
                        animSet.start();
                    animSet.addListener(new Animator.AnimatorListener(){
                        @Override
                        public int hashCode() {
                            return super.hashCode();
                        }

                        @Override
                        public void onAnimationStart(Animator animator) {

                        }

                        @Override
                        public void onAnimationRepeat(Animator animator) {

                        }

                        @Override
                        public void onAnimationEnd(Animator animator) {
                            testView02.setBackgroundColor(Color.RED);

                        }

                        @Override
                        public void onAnimationCancel(Animator animator) {

                        }
                    });

                    }
                    else{
                        testView.setBackgroundColor(Color.BLUE);
                        testView02.setBackgroundColor(Color.BLUE);
```

```
                                    flag=true;
                                }

                            }
                        });
                if (Build.VERSION.SDK_INT >= Build.VERSION_CODES.M) {
                    scrollView.setOnScrollChangeListener(new View.OnScrollChangeListener()
                        @Override
                        public void onScrollChange(View view, int i, int i1, int i2, int i3) {
                            int[] location1 = new int[2] ;
                            testView.getLocationInWindow(location1);
                                                //获取在当前窗口中的绝对坐标
                            testX = location1[0]; testY = location1[1];
                            int[] location2 = new int[2] ;
                            testView02.getLocationOnScreen(location2);
                                                //获取在整个屏幕中的绝对坐标
                            test02X = location2[0]; test02Y = location2[1];
                            Log.e("123", location1[0] + ", " + location1[1] + " onWindow
            FocusChanged: " + location2[0] + ", " + location2[1]);
                        }
                    });
                }



                }

                @Override
                public void onWindowFocusChanged(boolean hasFocus) {
                    super.onWindowFocusChanged(hasFocus);
                    int[] location1=new int[2];
                    testView.getLocationInWindow(location1);
                    testX=location1[0];
                    testY=location1[1];
                    int[] location2=new int[2];
                    testView02.getLocationOnScreen(location2);
                    test02X=location2[0];
                    test02Y=location2[1];
                    Log.e("123",location1[0]+","+location1[1]+"onWindowsFoucusChanged:
            "+location2[0]+","+location2[1]);

                }
                public static int dip2px(Context context, float dpValue){
                    final float scale=context.getResources().getDisplayMetrics().density;
                    return (int)(dpValue*scale+0.5f);
                }


            }
```

案例小结

本案例首先完成简单的图像处理方法。画图都是对提供给应用程序的一块内存进行数据填即对这块 surface 内存进行操作，就是用户要么调用 2D 的 API 画图，要么调用 3D 的 API，然后将画下来的图保存在这个内存中，最后这个内存里面的内容会被 OpenGL 渲染以后可以在屏幕上的像素信息。

其次，介绍了 Android 动画的分类。

帧动画（Frame）：将一个完整的动画拆分成一张张单独的图片，然后再将它们连贯起来进放。其特点是，由于帧动画是一帧一帧的，所以需要图片多。会增大 APK 的大小，但是动画可以实现一些比较难的效果，如等待的环形进度。

补间动画（Tween）：慢慢过渡，设置初值和末值，并用插值器来控制过渡。其特点是，比较简单，页面切换的动画多使用这种方式来制作。缺点是，视觉上的变化，并不是真正上的变化。

属性动画（Property）：控制属性来实现动画。其特点是，最为强大的动画，弥补了补间动缺点，实现位置+视觉的变化。并且可以自定义插值器，实现各种效果。

参考文献

[1] 王军. 移动终端软件设计与应用. 北京：高等教育出版社，2015.

[2] 黑马程序员. Android 移动开发教程. 北京：人民邮电出版社，2017.

[3] Kathy Sierra &Bert Bates. Head First Java 中文版. 2 版. 北京：中国电力出版社，2

资源服务提示

欢迎访问职业教育数字化学习中心——"智慧职教"（http://www.icvc.com.cn），
未在本网站注册的用户，请先注册。用户登录后，在首页或"课程"频道搜索本书
课程"Android 应用开发"进行在线学习。用户也可以在"智慧职教"首页下载"智
教"移动客户端，通过该客户端进行在线学习。